동물보건 실습지침서

동물병원실무 실습

서명기 · 허제강 저

김수연 · 김향미 · 성기창 · 이영덕 감수

박영story

머리말

최근 국내 반려동물 양육인구 증가에 따라, 인간과 더불어 사는 동물의 건강과 복지 증진에 관한 산업 또한 급성장을 이루고 있습니다. 이에 양질의 수의료서비스에 대한 사회적 요구는 필연적이며, 국내 동물병원들은 동물의 진료를 위해 진료 과목을 세분화하고, 숙련되고 전문성 있는 수의료보조인력을 고용하여, 더욱 체계적이고 높은 수준으로 수의료진료서비스 체계를 갖추고 있습니다.

2021년 8월 개정된 수의사법이 시행됨에 따라, 2022년 이후부터는 매년 농림축산식품부에서 주관하는 국가자격시험을 통해 동물보건사가 배출되고 있습니다. 동물보건사는 동물에 대한 관찰, 체온·심박수 등 기초 검진 자료의 수집, 간호판단 및 요양을 위한 간호 등 동물 간호 업무와 약물도포, 경구투여, 마취·수술의 보조 등 동물 진료 보조 업무를 수행하고 있습니다.

동물보건사 양성기관은 일정 수준의 동물보건사 양성 교육 프로그램을 구성하고, 동물보건사 필수교과목에 해당하는 교내 실습교육이 원활하고 전문적으로 이뤄질 수 있도록 교육 시스템을 마련해야 할 것입니다. 본 실습지침서는 동물보건사 양성기관이 체계적으로 동물보건사 실습교육을 원활하게 지도할 수 있도록 학습목표, 실습내용 및 준비물 등을 각 분야별로 빠짐없이 구성하였습니다. 또한 학생들이 교내 실습교육을 이수한 후 실습내용 작성 및 요점 정리를 할 수 있도록 실습일지를 제공하고 있습니다.

앞으로 지속적으로 교내실습 교육에 활용할 수 있는 교재로 개선해 나갈 것이며, 이 교재가 동물보건사 양성기관뿐만 아니라 동물보건사가 되기 위해 준비하는 학생들에게도 유용한 자료가 되기를 바랍니다.

2023년 3월

저자 일동

학습 성과	

학 교	
실습학기	
지도교수	
학 번	
성 명	

실습 유의사항

실습생준수사항

1. 실습시간을 정확하게 지킨다.
2. 실습수업을 하는 동안 항상 실습지침서를 휴대한다.
3. 학과 실습 규정에 따라 실습에 임하며 규정에 반하는 행동을 하지 않는다.
4. 안전과 감염관리에 대한 교육내용을 사전 숙지한다.
5. 사고 발생시 학과의 가이드라인에 따라 대처한다.
6. 본인의 감염관리를 철저히 한다.

실습일지 작성

1. 실습 날짜를 정확히 기록한다.
2. 실습한 내용을 구체적으로 작성한다.
3. 실습 후 토의 내용을 숙지하여 작성한다.

실습지도

1. 학생이 이론과 실습이 균형된 경험을 얻을 수 있도록 이론으로 학습한 내용을 확인한다.
2. 실습지침서에 기록된 사항을 고려하여 지도한다.
3. 모든 학생이 골고루 실습 수업에 참여할 수 있도록 지도한다.
4. 학생들의 안전에 유의한다.

실습성적평가

1. ______시간 결석시 ______점 감점한다.
2. ______시간 지각시 ______점 감점한다.
3. ______시간 결석시 성적 부여가 불가능(F) 하다.

* 실습성적평가체계는 각 실습기관이 자체설정하여 학생들에게 고지한 후 실습을 이행하도록 한다.

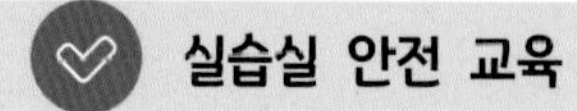

실습실 안전 교육

1. 실습 전후로 손을 씻거나 알코올 손소독제로 닦아 개인 감염 및 동물간 교차감염을 방지한다.
2. 실습에는 실습복(혹은 스크럽)을 착용하며, 실습실 외에서 실습복을 착용하지 않는다.
3. 실습복은 주기적으로 세탁하여 청결한 상태를 유지한다.
4. 동물 물림사고를 주의한다.
   - 동물을 놀라게 하거나 동물의 얼굴을 향해 손을 내밀지 않는다.
   - 동물 보정 시 이름을 부르며 동물이 안정될 수 있도록 하며 고양이는 담요로 감싸 보정한다.
   - 물림사고 발생 시 흐르는 물에 비누를 사용하여 상처부위를 소독하고 의료기관을 방문한다.
5. 실습 도중 동물이 처치대에서 갑자기 뛰어내리지 않도록 항상 동물에게 주의를 기울인다.
6. 실습 시 사용하는 슬라이드 글라스, 주사 바늘 등 손상성 폐기물에 다치지 않도록 주의한다.

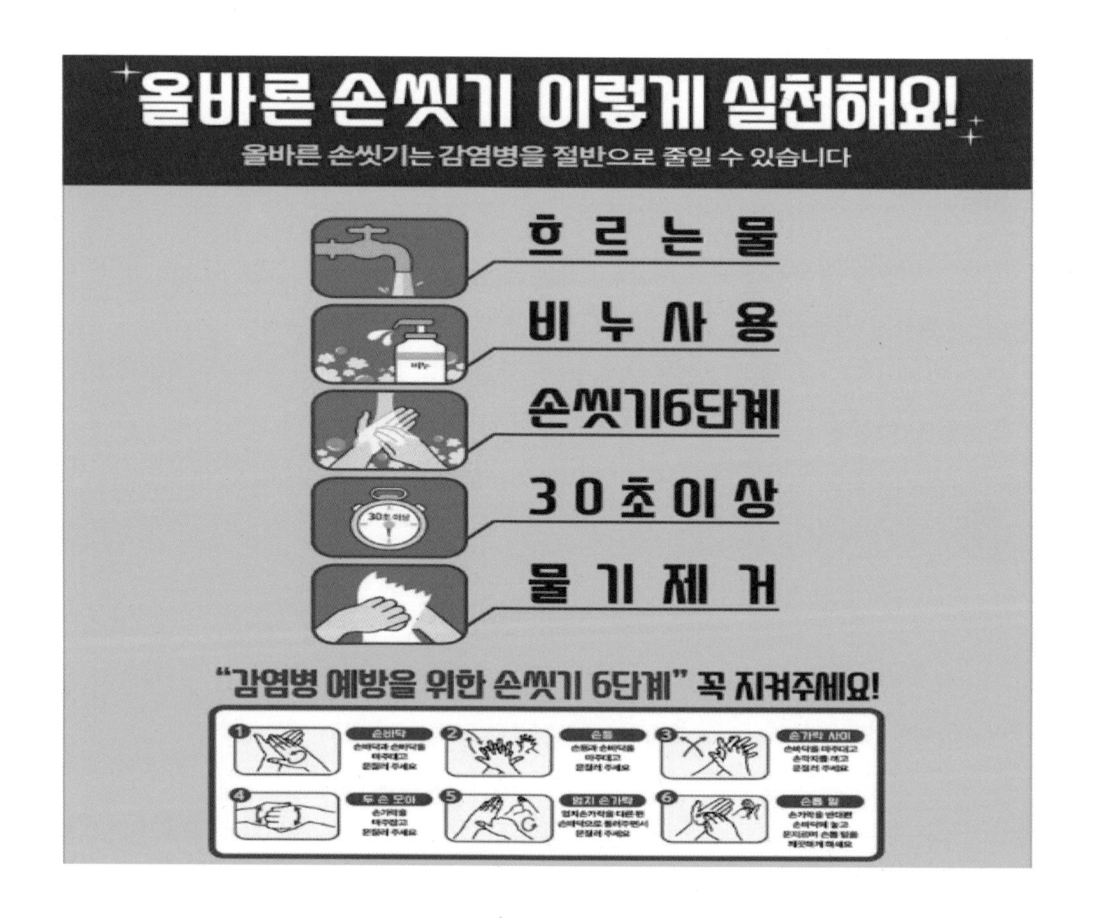

주차별 실습계획서

주차	학습 목표	학습 내용
1	동물보건사 직무 이해하기	- 동물병원 직원으로서 동물보건사의 직무를 이해한다.
2	동물병원 기자재 학습하기	- 동물병원에서 사용하는 주요 기자재의 명칭과 기능을 이해한다.
3	병원 위생관리 학습하기	- 동물 의료 환경을 위생적으로 관리하는 법을 학습한다. - 동물병원에서 사용하는 소독약의 성분과 사용법을 배운다.
4	수의 의무기록 이해하기	- 수의 의무기록의 개념을 이해하고 SOAP형식을 활용하여 수의 의무기록을 작성하는 방법을 학습한다.
5	보호자 응대 학습하기	- 다양한 상황에서 보호자 응대 방법을 학습한다.
6	동물 보정 학습하기	- 동물 보정 방법을 학습하고 보정 도구 사용법을 익힌다.
7	환자 활력징후(TPR) 측정하기	- 환자의 호흡수, 맥박수, 체온 및 혈압을 측정할 수 있다.
8	현미경 검사 학습하기	- 현미경 사용 및 관리법을 학습한다. - Diff-quik 염색을 실습하고 현미경으로 관찰한다.
9	방사선 검사 보조하기	- 방사선 검사를 위한 준비물과 다양한 촬영 자세를 학습한다.
10	입원 환자 관리 학습하기	- 입원 환자 관리 방법과 입원 차트 작성법을 학습한다.
11	수액 요법 이해하기	- 수액제의 종류를 학습하고 수액 세트와 수액 펌프의 사용법을 익힌다.
12	환자 약물 투여 학습하기	- 약의 제형에 따른 특징과 투약 방법에 대해 학습한다.

주차	학습 목표	학습 내용
13	영양 공급 이해하기	- 환자 영양 상태를 평가하고 하루 식이 급여량을 계산한다. - 동물병원에서 사용하는 처방식 종류를 학습한다. - 식욕이 없는 환자를 대상으로 영양 공급 방법을 학습한다.
14	수술 전·후 준비하기	- 수술 기구와 수술 도구의 이름 및 용도를 학습한다. - 수술을 위해 멸균팩을 준비할 수 있다.
15	수술 보조 이해하기	- 수술 보조시 필요한 절차와 환자 모니터링 방법을 학습한다.
16	예방 접종 학습하기	- 개와 고양이의 백신 스케줄을 학습한다. - 예방 접종을 위한 보조 업무를 수행할 수 있다.
17	기생충 예방 학습하기	- 내·외부 기생충 예방약의 종류와 사용시 주의사항을 학습한다.
18	약품 및 소모품 정리하기	- 동물병원에서 자주 사용하는 약품과 소모품을 익힌다.
19	동물등록제 이해하기	- 동물등록의 중요성을 이해하고 동물등록 절차와 방법을 학습한다.
20	행정 지원 업무 이해하기	- 동물 보호자에게 제공해야 하는 서류의 종류와 용도를 학습한다.

차례

PART 01 동물보건사 직무 이해하기

Chapter 01 동물보건사 직무 이해하기 4

PART 02 동물병원 기자재 학습하기

Chapter 01 동물병원 기자재 학습하기 10

PART 03 병원 위생관리 학습하기

Chapter 01 병원 위생관리 학습하기 20

PART 04 수의 의무기록 이해하기

Chapter 01 수의 의무기록 이해하기 26

PART 05 보호자 응대 학습하기

Chapter 01 보호자 응대 학습하기 32

PART 06 동물 보정 학습하기

Chapter 01 동물 보정 학습하기 38

PART 07 환자 활력징후(TPR) 측정하기

Chapter 01 환자 활력징후(TPR) 측정하기 46

PART 08 현미경 검사 학습하기

Chapter 01 현미경 검사 학습하기 54

방사선 검사 보조하기

입원 환자 관리 학습하기

수액 요법 이해하기

환자 약물 투여 학습하기

영양 공급 이해하기

수술 전·후 준비하기

수술 보조 이해하기

예방 접종 학습하기

동물보건 실습지침서

동물병원실무 실습

박영story

학습목표

- 동물병원에서 동물보건사의 직무와 직업 전문성을 이해한다.
- 동물보건사로서 갖추어야 할 기본 역량과 자세를 설명할 수 있다.
- 동물보건사로서 직업 사명을 갖출 수 있다.

PART 01

동물보건사 직무 이해하기

01

동물보건사 직무 이해하기

 실습개요 및 목적

동물보건사란, 동물병원 내에서 수의사의 지도 아래 동물의 간호 업무와 진료 보조 업무에 종사하는 사람이다. 동물보건사는 동물의료 현장에서 전문적이고 수준 높은 동물 의료 서비스를 제공한다.

이번 실습을 통해 동물보건사의 직무를 이해하고, 이를 바탕으로 동물보건사로서 갖추어야 할 역량과 기본 자세를 알아본다. 또한 동물보건사로서 직업사명을 갖추고 동물보건사 선서문을 작성할 수 있다.

 실습준비물

- 필기구
- 여분의 종이
- 동물보건 전공 서적 등

 실습방법

1. 동물보건사의 업무 내용에 대해 조사한다.
2. 동물보건사의 업무를 수행하는데 있어 갖추어야 할 역량에 대해 토의한다.
3. 동물보건사로서 갖추어야할 기본 자세(태도, 마음가짐)에 대해 토의한다.
4. 동물보건사 선서문을 작성하고 낭독한다.

실습 일지

실습 날짜	. . .

실습 내용	
토의 및 핵심 내용	

동물보건사 선서

선 서

나는 일생을 의롭게 살며,
동물과 사람의 건강을 위하여 동물보건직에 최선을 다할 것을 다짐하면서
다음과 같이 선서합니다.

하나.

하나.

하나.

하나.

하나.

년 월 일

____________(학)과 예비 동물보건사 __________ (서명 또는 인)

교육내용 정리

학습목표

- 동물병원에서 사용하는 주요 기자재의 명칭을 말할 수 있다.
- 동물병원에서 사용하는 주요 기자재의 기능을 설명할 수 있다.
- 필요 시 구두시험(Oral test)를 통해 숙지 여부를 확인한다.

PART 02

동물병원 기자재 학습하기

01

동물병원 기자재 학습하기

실습개요 및 목적

동물병원에는 동물의 질병 진단, 수술, 치료를 위해 각종 기자재를 사용하고 있다. 동물보건사는 해당 기자재의 명칭과 주요기능, 활용 방법에 대한 지식을 가지고 있어야 하며 동물보건사가 자주 사용하는 기자재의 사용 방법을 숙지해야 한다. 이번 실습을 통해 동물병원에서 사용되는 주요 기자재의 명칭과 사용방법에 대해 알아보고 필요 시 구두시험(Oral test)를 통해 숙지 여부를 확인한다.

실습준비물

기가재 사진	기자재 명칭	주요 기능
	수술대	수술을 하기 위한 테이블로 테이블 표면이 편평한 형태와 중간부위가 V자 형태로 접혀서 배등자세(Ventrodorsal position) 보정이 가능한 형태로 구분되며 높낮이 조절과 열선을 통해 온도조절이 가능
	무영등	수술부위에 그림자가 생기지 않도록 각 방향에서 빛이 투사되어 수술부위를 잘 볼 수 있도록 만들어진 조명기구로 회전 및 밝기 조정이 가능하며 손잡이는 탈부착이 가능하므로 수술시작 전 멸균처리 후 무영등에 부착

기가재 사진	기자재 명칭	주요 기능
	호흡 마취기	마취기, 환자감시장치, 인공호흡기로 구성되어 있음. 흡입마취기는 마취가스를 직접 폐로 순환시켜 호흡을 통해 마취상태를 유지하고 환자감시모니터는 마취된 동물의 상태를 실시간으로 관찰하며 인공호흡기는 인위적으로 폐에 산소를 주입하여 호흡하는 기능을 수행
	오실로메트릭 혈압계	혈류의 진동 변화에 의해 혈압을 측정하는 장치로 도플러 혈압계보다 사용이 간편하고 확장기 혈압도 측정 가능
	도플러 혈압계	혈류의 소리를 증폭시켜 혈압을 측정하는 장치로 반려동물의 크기가 작을 경우 혈류소리가 작아 측정이 어렵고 수축기 혈압만 측정 가능
	자동혈청화학 분석기 (chemistry)	혈액 내에 존재하는 무기 및 유기성분, 효소정량 등 각종 물질의 농도 측정을 통해 진단하는 장비임
	자동혈구분석기 (CBC)	적혈구, 백혈구, 혈소판 등 혈구 검사를 진행하는 혈액 검사기기. 환자의 체액량의 변화, 염증, 혈액 응고 이상, 빈혈 등을 진단
	원심분리기	축을 중심으로 물질을 회전시켜서 원심력을 가하여 액체 혼합물을 분리하는 기계

기가재 사진	기자재 명칭	주요 기능
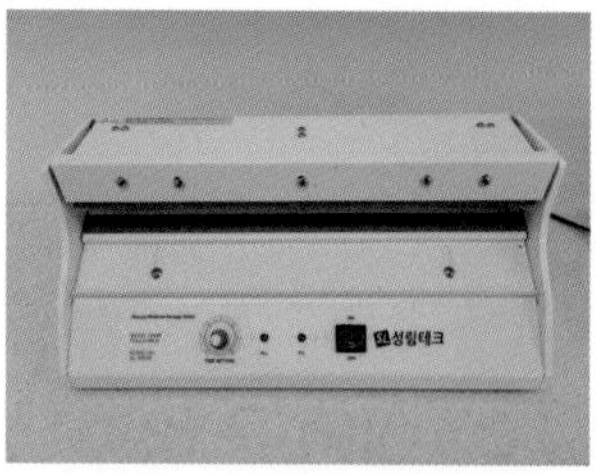	약포장기	약포장지를 밀봉할 때 쓰이는 도구
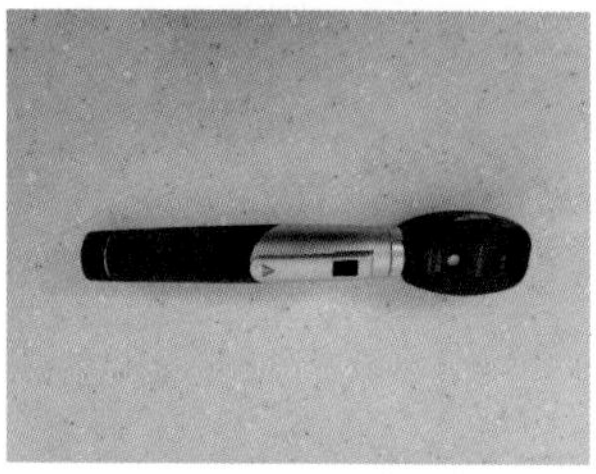	검안경	강한 빛을 눈에 비춰 안쪽까지 반사시키는 검사를 통해 안과 질환을 정밀하게 검사하는 장비로 안구의 가장 바깥 구조물인 안검, 결막, 각막 부터, 가장 안쪽 구조물인 망막까지 평가 가능
	네블라이저 (분무기)	물이나 약물을 분무형태로 변환시켜주는 장비로 호흡기 질환을 앓고 있는 환자에게 효과적이며 의식이 없는 환자에게도 사용
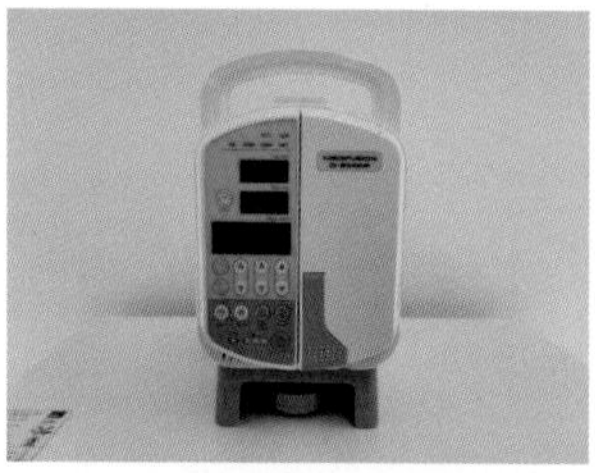	인퓨전 펌프	일정한 시간동안 정확한 양의 수액을 주입하는 장비. 수액이 과다 투여되어 발생하는 과수화를 방지하는 장비
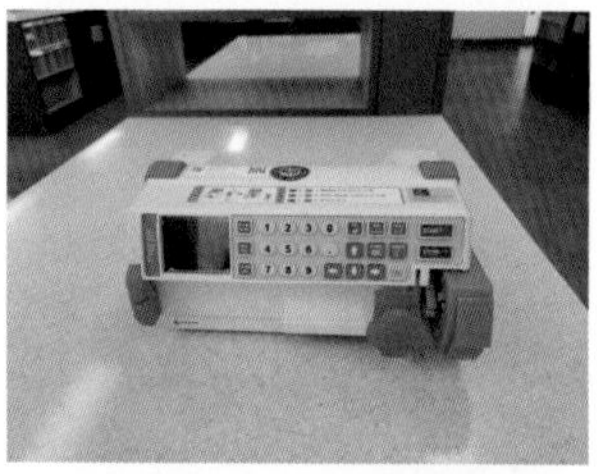	시린지펌프	주사기에 일정한 속도로 압력을 가해 약물을 혈관에 주입해 주는 장비로 특정 약물을 정확히 주사하거나 혈장주사가 필요한 경우, 폐수종 환자에게 사용
	집중치료부스 (ICU)	중환자의 집중치료를 위해 항균, 항온, 항습, CO_2자동 배출, 산소 공급이 가능한 격리된 공간으로 수술이후 호흡이 안 좋거나 경련 또는 산소치료가 필요한 중환자에게 필요

기가재 사진	기자재 명칭	주요 기능
	엑스레이	신체를 투과하는 방사선인 X선을 사용하여 신체 내부를 영상으로 나타내 질병, 골절 상태, 이물질 존재여부를 진단하는 장비
	고압증기멸균기 (Autoclave)	121-132℃에서 15분 동안 고온고압의 증기를 이용하여 미생물의 단백질 파괴를 통해 사멸시키는 장비로 금속재질의 수술기구 멸균에 사용되며 고무, 플라스틱제품은 고열로 인해 변형됨으로 사용불가. 멸균여부를 확인하기 위해 멸균소독테이프를 부착(수술포 포장 멸균 소독 시 2주동안 유효)
	현미경	눈으로는 볼 수 없을 만큼 세균, 기생충 등 작은 물체나 물질을 확대해서 보는 기구로 대물렌즈, 접안렌즈, 조명 장치 따위로 구성되며 카메라 연결 시 외부 모니터로 영상 전송이 가능함
	검이경	ㄴ자 모양으로 꺾여 있어 육안으로 확인이 힘든 반려견의 귓속을 검사하기 위한 장비
	후두경	기관 내 튜브 삽입 시 필요한 장비 손잡이와 날로 구성됨
	요비중계	오줌 내에 수분과 수분외 물질의 비율을 측정하여 질병유무 확인하는 장비로 정상 요비중은 반려견은 1.015-1.045이고 반려묘는 1.020-1.040임

기가재 사진	기자재 명칭	주요 기능
	자외선 소독기	자외선(Ultra Violet)이 박테리아, 바이러스 등의 세균 세포 내 유전물질의 변이와 파괴를 일으켜 성장 및 번식을 억제하여 살균. 제품의 변형이 없고 잔류물의 위험이 없음

실습방법

1. 동물 기자재 종류 및 기능 학습한다.
   - 동물병원에서 사용하는 기자제를 확인하고 명칭과 주요 기능을 암기한다.
   - 해당 기자재를 직접 사용하여 보고 취급 시 주의사항에 대해 학습한다.
2. 구두 시험(Oral test)
   - 교수님이 지칭한 기자재를 보건실습실에서 찾아 주요 기능을 설명한 뒤 간단하게 사용하여 본다.
   - 장비에 대해 설명 또는 사용 방법을 숙지하지 못할 경우 다시 학습 후 재시험을 받는다.

실습 일지

실습 날짜	. . .

실습 내용	
토의 및 핵심 내용	

교육내용 정리

메모

학습목표

- 위생적인 의료환경의 중요성을 이해한다.
- 동물병원 환경을 위생적으로 유지할 수 있다.
- 병원에서 주로 사용하는 소독약의 성분과 사용법을 설명할 수 있다.
- 감염병 환자 내원시 원내 감염 예방법을 설명할 수 있다.

PART 03

병원 위생관리 학습하기

01

병원 위생관리 학습하기

실습개요 및 목적

동물병원에서 대기실, 진료실, 처치실, 각종 검사실 및 입원실의 위생적인 관리는 동물보건사의 중요한 임무이다. 동물병원은 감염원을 가진 동물을 포함하여 불특정 다수가 출입하는 공간이므로 청소 절차와 방법을 정해놓고 청결한 환경을 유지해야 한다. 특히, 감염병 환자가 내원하는 경우 청소 방법을 준수하여 원내 감염을 예방하는데 주의를 기울여야 한다. 본 실습을 통해 동물병원 환경을 위생적으로 유지하는 방법을 학습한다.

실습준비물

- 소독약(소독용 에탄올, 클루콘산클로르헥시딘, 포비돈 요오드 등)
- 정제수
- 버릴 수 있는 신문지, 걸레
- 일회용 장갑 및 가운 등

실습방법

1. 동물병원의 일반적인 청소 방법을 숙지한다.
2. 감염병 환자 내원시 주의사항을 설명할 수 있다.
3. 소독약의 주 성분과 사용시 주의사항을 숙지한다.
4. 소독약의 사용방법을 이해하고 원하는 농도로 희석한다.

소독약	사용범위(방법)	농도
알코올	앰플 및 바이알 표면, 물과 세제를 이용해 청소한 깨끗한 표면, 일부 기구의 표면, 주사 전 피부소독, 손 소독	60~70%
차아염소산 나트륨	물과 세제를 이용해 청소한 표면(검체 접수대, 마루 등) 의료용 기구 및 환경(케이지, 입원장, 식기 등) 소독 (5% 락스의 경우 500ppm으로 희석하기 위해 1:100으로 희석)	-
포비돈 요오드	피부 및 점막 소독(10% 원액 혹은 희석액을 사용한다)	10%(피부)
클로르 헥시딘 글루코 네이트	피부 소독, 기구 소독(20% 원액을 희석하여 사용한다)	2~4%(피부)

실습 일지

실습 날짜	. . .

실습 내용	
토의 및 핵심 내용	

교육내용 정리

학습목표

- 수의 의무기록의 개념과 필요성을 설명할 수 있다.
- 수의의무기록 작성시 사용되는 SOAP 형식이 무엇인지 알 수 있다.
- SOAP 형식을 활용하여 수의 의무기록을 작성할 수 있다.

PART 04

수의 의무기록 이해하기

01

수의 의무기록 이해하기

실습개요 및 목적

수의 의무기록(Veterinary Medical Record)은 보호자와 동물의 인적사항, 병력, 건강상태, 진찰, 검사, 진단 및 치료, 입원 및 퇴원기록 등 환자에 관한 모든 정보를 기록한 문서를 의미한다. 동물보건사는 환자의 질병에 대한 정보제공 및 공유, 법률적 증거, 경영관리를 위해 수의 의무기록 작성법을 알고 있어야 한다. 동물 보건사로서 전문성을 갖추기 위해 수의 의무 기록을 작성해 본다.

실습준비물

- 필기구, 수의 간호일지 등

실습방법

1. 수의 의무기록의 개념과 기능에 대해 숙지한다.
   - 수의 의무기록은 보호자와 동물의 인적사항, 병력, 건강상태, 진찰, 검사, 진단 및 치료, 입원 및 퇴원기록 등 환자에 관한 모든 정보를 기록한 문서를 의미한다.
2. 수의 의무기록 작성과 관련된 법률 규정과 위반 시 제재 사항에 대해 숙지한다.
   - 동물보건사는 환자의 질병에 대한 정보제공 및 공유, 법률적 증거, 경영관리를 위해 수의 의무기록 작성법을 알고 있어야 한다.
3. 문제 중심의 수의 의무 기록 방법(POVMR)이 무엇인지 학습한다.
   - 환자가 가지고 있는 문제를 중심으로 기초자료를 수집한 후 문제목록을 만들어 계획을 세우고 진행 상황을 경과 기록지로 남겨 어느 의료진이나 필요한 진료 정보를 신속하게 얻을 수 있도록 기록하는 방법을 의미하며 주로 SOAP형식을 사용한다.
4. SOAP법을 활용하여 수의 간호일지를 작성한다.
   - Subjective data(주관적 자료) : 보호자의 주관적 관찰과 주요 불편호소 내용(CC), 사료 및 수분 섭취량 등 육안(눈으로)관찰한 내용을 기록한다.

- Objective data(객관적 자료) : 체온, 맥박수, 호흡수, 체중, CRT, 오줌양, 임상병리 검사 결과 등 객관적 검사결과를 기록한다.
- Assessment(평가) : 주관적, 객관적 자료를 바탕으로 환자의 생리, 심리, 환경 상태를 고려하여 전체적으로 평가를 실시하고, 환자의 문제점과 변화상태를 파악하여 급성통증, 보행변화, 오줌 및 배변, 흥분, 출혈, 맥박변화, 배뇨실금, 변비, 탈수, 구토, 설사, 고체온, 저체온, 감염, 염증, 호흡이상, 합병증, 소양감 등 중요 순서로 관리 필요 우선순위를 기입한다.
- Plan(계획) : 평가 결과를 바탕으로 환자의 회복을 도와주기 위해 소독 및 붕대처치, 투약, 물리치료, 모니터링, 일일 산책 및 운동,보호자 교육 등 간호중재(Nursing Intervention) 실시한다.

수의 간호 일지(Veterinary Nurse Record) 예시

환자명(품종)		체중	성별	연령	백신	특이사항
제니	슈나우저	5kg	F	15yr	DHPPL(22년)	닭고기 알러지

날짜/시간	작성자	SOAP	주요 경과 기록사항 (Proress Notes)
23.3.15	김영희	S	이물 섭취로 인한 장폐색 수술 후 입원치료, 활력저하, 통증, 운동실조
		O	T = 38.2° C, P=120, RR = 20, CRT = 2sec
		A	감염관리, 통증관리, 수액관리, 수술부위 손상관리
		P	1. 감염관리
			- 수술부위 소독 및 붕대처치
			2. 통증관리
			- 처방된 Morphine(몰핀) 0.2mg/kg/hr 처치 후 모니터링
			3. 수액관리
			- 처방된 0.9% Nacl 20mg/kg/hr IV 모니터링
			4. 처방약 투약
			- Carprofen 22mg/kg PO bid
			5. 수술부위 손상관리
			- E-collar

실습 일지

환자명(품종)		체중	성별	연령	백신	특이사항

날짜/시간	작성자	SOAP	주요 경과 기록사항 (Proress Notes)

교육내용 정리

학습목표

- 동물병원에서 보호자 응대의 중요성을 이해한다.
- 다양한 상황에서 보호자 응대를 수행할 수 있다.

PART 05

보호자 응대 학습하기

01

보호자 응대 학습하기

실습개요 및 목적

진료를 위해 보호자를 응대하는 것은 동물보건사의 역할이다. 특히 접수는 보호자가 병원을 내원한 뒤 진료를 시작하는 중요한 업무이다. 동물보건사가 환자의 정보를 확인하고 진료절차를 파악하고 있으면 수의사의 진료가 원활하게 진행된다. 또한 동물보건사의 친절하고 전문적인 응대는 병원에 대한 좋은 인상과 함께 보호자 재진율 향상에 도움을 준다. 본 실습을 통해 동물병원에서 보호자 응대 방법을 학습하고 다양한 보호자 응대 상황을 알아본다.

실습준비물

- 종이
- 펜
- 환자 정보(주요 호소증상, 환자 정보)
- 전자차트

실습방법

1. 동물병원에서 대기실 응대 방법을 학습한다.
2. 동물병원에서 진료실 응대 방법을 학습한다.
3. 동물병원에서 전화 응대 방법을 학습한다.
4. 역할극을 통해 다양한 상황에서 보호자 응대 방법을 실습한다.
   - 동물병원에 방문했을 때 보호자로서 좋았던 점(혹은 불편했던 점)을 작성한다.
   - 조원을 동물보건사와 보호자로 나눈 뒤, 환자 케이스를 토대로 역할극을 수행한다.
   - 역할극에서 보호자 응대 시 잘한 점과 개선해야 할 점을 논의한다.

실습 일지

실습 날짜	. . .

실습 내용	
토의 및 핵심 내용	

교육내용 정리

메모

학습목표

- 동물보정의 필요성과 다양한 보정방법에 대해 숙지한다.
- 다양한 보정방법을 직접 시도하고 부족한 부분을 보완한다.
- 필요 시 입마개, 수건, 보정가방 등 보정도구를 이용하여 보정할 수 있다.

PART 06

동물 보정 학습하기

01

동물 보정 학습하기

실습개요 및 목적

동물보건사는 동물의 검사와 처치 수행을 위해 일시적으로 동물의 움직임을 제한하는 보정법을 숙지해야 한다. 동물 보정은 주사, 외상처치, 채혈, 방사선 및 초음파 검사 수행하기 위한 필수 기술이며 동물이 불편할 경우 스트레스를 받거나 방어적 행동으로 인해 보정자 또는 처치자의 부상 위험이 따르기 때문에 주의해야 한다. 동물의 종류, 품종, 성별, 연령, 서열, 건강상태 등에 따른 행동 반응에 따라 최적의 보정방법을 선택해야 한다.

실습준비물

- 반려견 인형(40cm 이상 크기)
- 실습복
- 반려견
- 수건
- 입마개
- 보정가방 등

실습방법

1. 동물의 보정법
   - 동물의 검사와 처치 수행을 위해 일시적으로 동물의 움직임을 제한하는 방법을 의미한다. 주사, 외상처치, 채혈, 방사선 및 초음파 검사 수행하기 위한 필수 기술이며 동물이 불편할 경우 스트레스를 받거나 방어적 행동으로 인해 보정자 또는 처치자의 부상 위험이 따르기 때문에 주의해야 한다. 동물의 종류, 품종, 성별, 연령, 서열, 건강상태 등에 따른 행동 반응에 따라 최적의 보정방법을 선택해야 한다.

2. 주요 보정 방법
   - 신체검사, 피하 및 근육주사를 위한 보정
   - 요골쪽 피정맥 주사를 위한 보정
   - 경정맥 채혈을 위한 보정

3. 반복 연습 및 보정도구 사용
- 인형으로 실습하며 발생한 부족한 점과 실수를 보완하고 반복 연습한 후 실견으로 보정을 실시한다.
- 필요 시 입마개, 수건, 보정가방 등을 사용하여 보정하는 법을 학습한다.

1) 신체검사, 피하 및 근육주사 보정법 : 한손을 목 아래로 넣어 머리가 위로 향하도록 잡은 뒤, 다른 손은 껴안듯이 허리 부위를 잡고 피하주사를 실시할 목 등 부위가 노출되도록 보정한다. 근육주사는 뒷다리 앞쪽 근육에 주로 실시 함으로 주사액이 들어갈 때 환자가 얼굴을 돌려 시술자를 물지 않도록 단단히 보정한다.

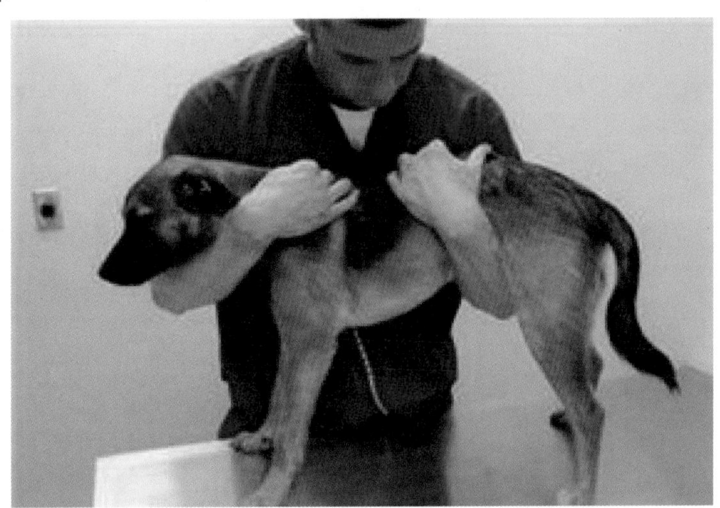

출처 : Restraint and Handling for Veterinary Technicians and Assistants

2) 요골피정맥(Cephalic v.) 주사 보정법 : 앞다리 정맥에 주사를 위해 수의사와 환자가 정면으로 마주본 상태에서 환자의 엉덩이 부분을 부드럽게 눌러 앉은 자세를 만든다. 보정자는 왼손으로 턱을 부드럽게 감싸쥐고 턱을 들어올린 상태를 유지하며 오른손으로 환자의 앞발꿈치를 감싸 쥐고 앞발이 펴지게 한다. 오른손의 검지손가락을 이용하여 환자의 팔을 전체적으로 감싸 쥐어 혈관을 노출 시키고 주사액이 주입될 경우 검지 손가락의 힘을 푼다.

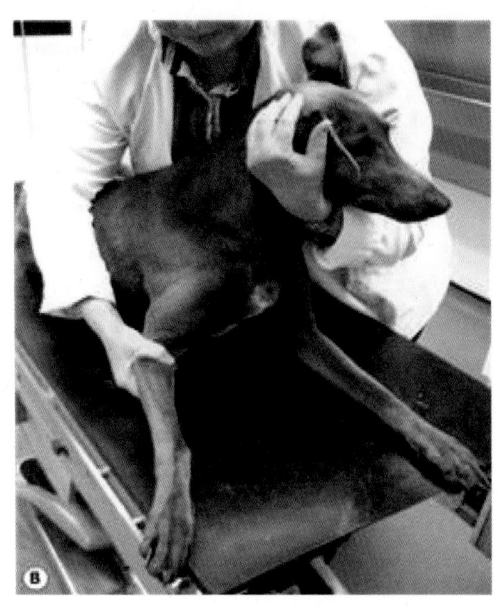

출처 : Clinical Procedures in Veterinary Nursing, 4th Edition

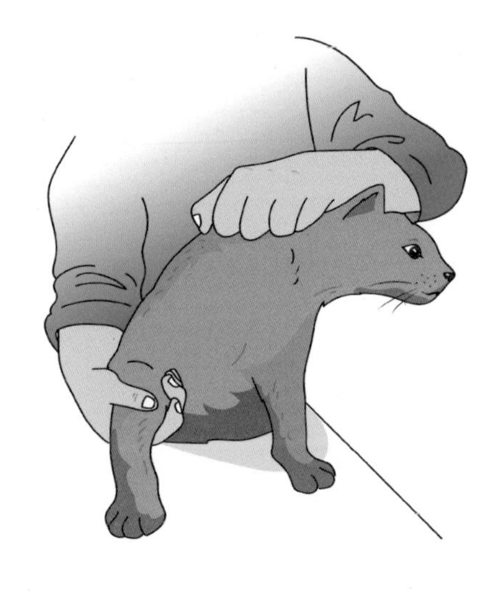

출처 : Clinical Procedures in Veterinary Nursing, 4th Edition

3) 경정맥(Jugular v.) 채혈 보정법 : 동물을 앉은 자세로 위치 시키고 한쪽 손은 환자의 두 앞다리를 붙잡고 나머지 한손으로 환자의 주둥이를 잡은 뒤 머리를 뒤로 젖혀 목부위를 노출시켜 경정맥이 잘 노장되도록 잡아 당긴다.

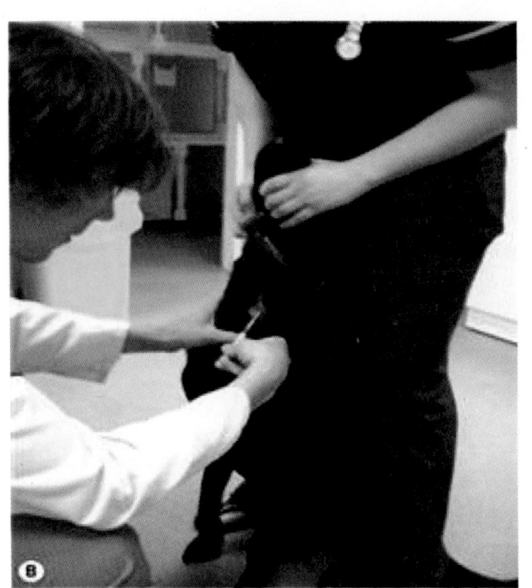

출처 : Clinical Procedures in Veterinary Nursing, 4th Edition

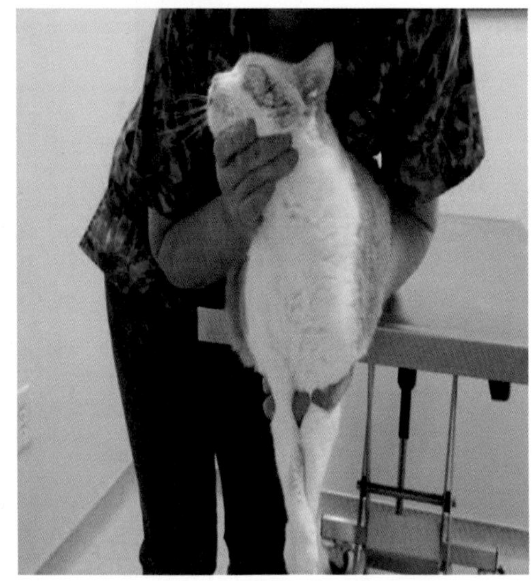

출처 : Restraint and Handling for Veterinary Technicians and Assistants

4) 인형으로 실습하며 발생한 부족한 점과 실수를 보완하고 반복 연습한 후 실견으로 보정을 실시한다.

5) 필요 시 입마개, 수건, 보정가방 등을 사용하여 보정하는 법을 학습한다.

실습 일지

실습 날짜	. . .

실습 내용	
토의 및 핵심 내용	

교육내용 정리

메모

학습목표

- 동물의 임상 파라미터의 정상 범위를 설명할 수 있다.
- 동물의 호흡수, 맥박수, 체온을 측정할 수 있다.
- 도플러 혈압계의 원리를 이해하고 혈압 측정 방법을 설명할 수 있다.

PART 07

환자 활력징후(TPR) 측정하기

01

환자 활력징후(TPR) 측정하기

실습개요 및 목적

환자의 상태 진단은 환자의 신체검사와 다양한 진단 검사를 기반으로 한다. 동물병원에서 측정하는 가장 간단하고 일반적인 검사는 체온, 맥박(또는 심박수), 호흡수, 혈압이다. 이는 기본적인 신체 검사 항목이지만, 입원 환자, 중환자 및 마취 중인 환자 상태를 모니터링하는데 필수적인 항목이다. 이번 실습에서는 환자의 체온, 맥박, 호흡수 그리고 혈압을 측정하는 방법을 실습한다.

실습준비물

기자재 사진	기자재 명칭	주요 기능
	체온계	직장 내에 삽입하여 체온을 측정
	청진기	소리의 진동을 이용하여 심음과 폐음을 청진하는 기구

기자재 사진	기자재 명칭	주요 기능
	도플러 혈압계	혈류 소리를 증폭시켜 수축기 혈압을 측정

실습방법

1. 환자의 호흡수, 맥박(혹은 심박수), 체온을 측정하고 차트에 기록한다.
   ① 환자가 안정된 상태에서 분당 호흡수를 측정한다.
      - 15초간 호흡수 × 4 = 1분당 호흡수
   ② 대퇴 동맥을 촉진하여 맥박수를 측정한다.
      - 대퇴동맥 위치: 넓적다리의 내측면에 대퇴골의 안쪽면을 따라 내려간다.
      - 15초간 맥박수 × 4 = 1분당 맥박수
   ③ 청진기를 사용하여 심음을 들으면서 심박수를 측정한다.
      - 청진 위치: 팔꿈치 바로 뒤쪽의 갈비 사이 공간(네 번째~여섯 번째 갈비뼈 사이)
      - 15초간 심박수 × 4 = 1분당 심박수
   ④ 체온계 항문을 따라 천천히 삽입하여 체온을 측정한다.
      - 체온계에 윤활제를 바르고 살짝 돌려가며 체온계를 삽입한다.
      - 체온 측정 후 체온계를 닦고 소독한다.

2. 환자의 혈압을 측정하고 차트에 커프사이즈, 측정위치, 혈압을 기록한다.
   ① 동물이 스트레스를 받지 않고 안정된 상태에서 혈압을 측정한다.
   ② 동물의 크기에 맞는 커프를 선택한다.
   ③ 사지 말단 혹은 꼬리 부위에 커프를 장착한다.
   ④ 프로브가 위치할 부위의 털을 삭모하고 젤을 묻힌 상태에서 프로브를 동맥 위에 밀착시킨다.
   ⑤ 맥박이 들리지 않을 때까지 커프를 팽창시킨 뒤 서서히 압력을 낮추어 맥박이 다시 들리는 지점의 압력을 읽는다(수축기 혈압).
   ⑥ 첫 번째 측정값을 제외하고 5~7회 측정하여 평균값을 계산한다.

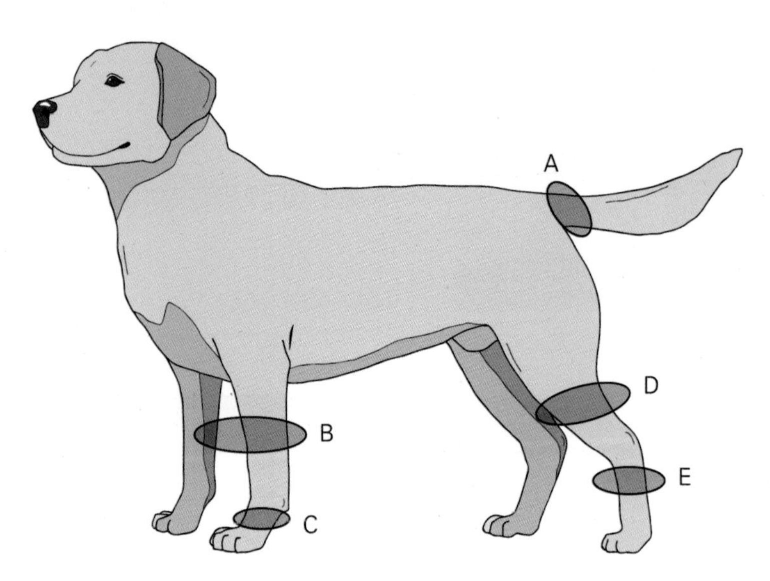

Cuff positions

A Tail base(coccygeal artery)
B Proximal to carpus(median artery)
C Distal to carpus(common palmar digital artery)
D Proximal to hock(saphenous artery)
E Distal to hock(median plantar artery)

혈압측정을 위한 커프 위치(출처 : Clinical Procedures in Veterinary Nursing, 4th Edition)

실습 일지

실습 날짜	. . .

실습 내용	
토의 및 핵심 내용	

교육내용 정리

메모

학습목표

- 현미경 관리법에 대해 숙지한다.
- 현미경 검사를 위한 세포 염색 방법에 대해 학습하고 염색을 수행한다.
- 분변 검사 방법에 대해 학습하고 수행한다.

PART 08

현미경 검사 학습하기

현미경 검사 학습하기

실습개요 및 목적

1. 현미경 관리법에 대해 숙지한다.
2. 현미경 검사를 위한 세포 염색 방법에 대해 학습하고 염색을 수행한다.
3. 분변 검사 방법에 대해 학습하고 수행한다.

실습준비물

기자재 사진	기자재 명칭	주요 기능
	현미경	눈으로는 볼 수 없을 만큼 세균, 기생충 등 작은 물체나 물질을 확대해서 보는 기구로 대물렌즈, 접안렌즈, 조명 장치 따위로 구성되며 카메라 연결 시 외부 모니터로 영상 전송이 가능함
	현미경 시료 제작 세트	고정액(메탄올) + Diff-Quik염색액(붉은색&파란색) + 슬라이드 글라스 + 면봉 + 생리식염수 + 라텍스 글로브 등

실습방법

1. 현미경 관리
   - 현미경 전용 세척액(아세톤 + 99%알콜 1:1 혼합액)으로 검사 전·후 렌즈를 세척한다. 이때 라텍스 글로브를 착용하거나 손에 세척액이 묻지 않도록 주의한다.
   - 현미경을 사용하고 난 뒤, 저배율 렌즈가 중앙에 오도록 하며 재물대는 가장 낮게 위치시킨다. 현미경을 보관할 때에는 비닐이나 헝겊을 덮어서 보관한다.

2. 귀 분비물, 분변 등의 슬라이드 글라스 도말법
   1) 면봉을 사용하여 샘플을 채취하고 싶은 부위(귀 내부, 항문 등)에서 샘플을 채취한다.
   2) 샘플을 채취한 면봉을 슬라이드 글라스 위에 굴리듯이 묻혀 도말한다. 이때 분비물이 너무 뭉쳐 있으면 검사가 어려움으로 가급적 얇게 도말한다.
   3) 귀와 같이 2개 부위가 존재하는 경우 슬라이드 글라스의 불투명한 부분(라벨링 부위)을 왼손으로 잡고 오른쪽 귀 분비물은 슬라이드 글라스의 중앙에 왼쪽 귀 분비물은 슬라이드 글라스의 오른쪽에 도말하되 너무 가장자리에 도말하지 않도록 주의한다.
   4) 도말 후 슬라이드 글라스 가장자리에 환자 이름, 도말 부위(좌·우)를 표시한다.
   5) 필요 시 아래의 Diff-Quik 염색을 실시한다.

3. 현미경을 이용한 염증, 종양 등 세포 검사
   - 채취한 샘플을 슬라이드 글라스에 도말 건조한 후 Diff-Quik 염색을 아래의 순서로 실시한다.
   1) 고정액(메탄올)에 슬라이드 글라스를 30초 정도 담근 후 꺼내고 휴지 등을 이용해 건조 시킨다(메탄올은 기화가 잘 됨으로 수시로 교체한다).
   2) 붉은색 염색액에 10초 정도 담근 후 넣다 뺐다 하며 염색 여부를 확인 후 시료 샘플이 붉게 염색되면 휴지 등을 이용해 건조 시킨다.
   3) 파란색 염색액에 10초 정도 담근 후 넣다 뺐다 하여 염색 여부를 확인 후 시료 샘플이 파란색 염색된 것이 확인 되면 압력이 세지 않은 수돗물에 남은 염색약을 세척한다. 이때 염색약이 손에 묻지 않도록 주의한다.
   4) 샘플이 있는 쪽은 드라이로 건조 하고 없는 쪽은 휴지로 물기를 제거한다,
   5) 염색된 샘플을 현미경으로 검사한다.

실습 일지

실습 날짜	. . .

실습 내용	
토의 및 핵심 내용	

교육내용 정리

학습목표

- 방사선 검사의 정의와 필요성에 대해 학습한다.
- 방사선 검사 시 준비물에 대해 학습한다.
- 방사선 검사 부위에 따른 보정 자세를 실습한다.

PART 09

방사선 검사 보조하기

01

방사선 검사 보조하기

실습개요 및 목적

1. 방사선 검사의 정의와 필요성에 대해 학습한다.
2. 방사선 검사 시 준비물에 대해 학습한다.
3. 방사선 검사 부위에 따른 보정 자세를 실습한다.

실습준비물

기자재 사진	기자재 명칭	주요 기능
	엑스레이 촬영기	신체를 투과하는 방사선인 X선을 사용하여 신체 내부를 영상으로 나타내 질병, 골절 상태, 이물질 존재여부를 진단하는 장비
	고글, 납복, 납장갑, 갑상선 보호대, 마커, 촬영자	엑스레이 촬영 시 방사선 피폭을 차단하기 위해 착용하는 방어구와 촬영에 도움을 두는 도구

실습방법

1. 방사선 검사의 정의
   - 근골격, 복강, 흉강 내부의 상태를 확인 및 평가하기 위해 방사선의 한 종류인 X-ray를 이용하여 사진을 촬영하는 검사
2. 방사선 검사의 필요성
   - 근골격계 검사 : 앞다리, 뒷다리, 척추, 머리 등 근골격계 상태 평가한다.
   - 흉부 방사선 검사 : 폐, 심장 등 흉부 주요 장기의 상태 평가한다.
   - 복부 방사선 검사 : 위장관, 신장, 간, 자궁, 방광 등 복부 장기 상태 평가한다.
   - 조영 방사선 검사 : 이물질 섭취로 인한 장폐색 검사를 위해 조영제(황산바륨)를 먹이거나 탈장 진단을 위해 복강에 또는 요관, 요도, 신장, 방광의 혈관에 조영제(Iohexo)를 투여한 후 촬영한다.
3. 방사선 검사 절차
   - 고글, 납복, 납장갑, 갑상선 보호대를 착용한 후 엑스레이 전원을 켜고 측정자, 마커 등을 준비한다. 아래와 같이 방사선 촬영 자세로 보정한 후 촬영한다.
   - VD(Ventro Dorsal View) : 배가 하늘을 향하도록 눕힌 자세
   - Lateral(Right Lateral View) : 우측 몸통이 바닥에 닿도록 옆으로 누운 자세

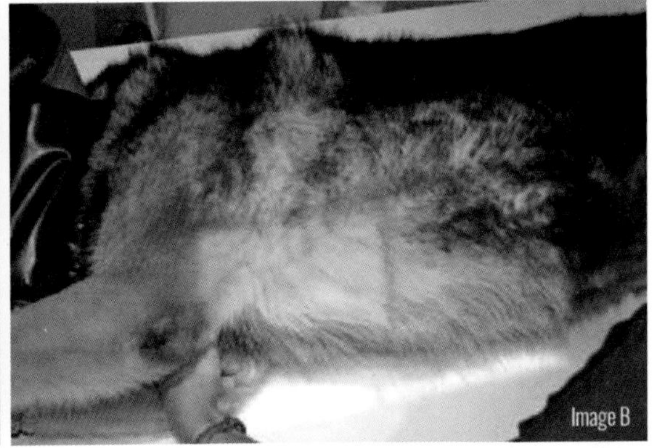

Figure A Ventrodorsal view Figure B Right lateral view

출처 : Tasha Axam, Diagnostic Imaging for Technicians: Positinoning and Technique for Thoracic and Abdominal, Medicine(2017)

   - 흉부 촬영 : 흉부 촬영 시 Lateral, VD 각 1장 씩 촬영을 기본으로 하되 기관지 촬영 시에는 흡기, 호기 시 Lateral은 2장 촬영한다. 흉부 VD촬영 시에는 척추가 틀어지지 않도록 Lateral 촬영시에는 광선의 센터가 견갑골 모서리에 오도록 보정하는 것이 중요하다.
   - 복부 촬영 : Lateral, VD 각 1장 씩 촬영을 기본으로 하되 광선의 센터가 배꼽 또는 마지막 늑골에 오도록 한다. 환자를 길게 최대한 잡아당겨 신장시킨 후 뒷다리를 안쪽으로 돌려 보정한다.

실습 일지

실습 날짜	. . .

실습 내용	
토의 및 핵심 내용	

교육내용 정리

학습목표

- 동물병원에서 입원 환자 관리의 중요성을 이해한다.
- 환자 입·퇴원 과정에서 동물보건사의 역할을 설명할 수 있다.
- 입원 환자 관리시 중요하게 확인해야 할 점을 설명할 수 있다.
- 입원 차트를 해석하고, 환자 관리 후 차트를 작성할 수 있다.

PART 10

입원 환자 관리 학습하기

01

입원 환자 관리 학습하기

실습개요 및 목적

동물병원에서는 동물보건사의 정성 어린 간호를 통해 동물의 심리적 안정, 치료 기간의 단축 그리고 미연의 사고 방지에 도움을 줄 수 있다. 동물병원에서는 환자의 상태와 치료 과정을 주기적으로 관찰·기록함으로써 환자의 치료 경과를 빠르게 파악하고 이를 치료 과정에 반영한다. 본 실습을 통해 환자 입원 관리에 있어 중요한 점을 익하고, 입원 환자 차트(입원 기록지) 작성법을 학습한다.

실습준비물

- 입원 차트(입원기록지)

실습방법

1. 동물병원에서 환자의 입·퇴원 과정을 살펴보고, 동물보건사의 역할을 설명한다.
2. 동물 병원에서 환자 입원 관리 항목을 작성하고 해당 업무 수행 시 주의해야 할 점을 작성한다.
3. 환자 입원 차트에 사용한 용어를 숙지한다.
4. 환자 정보를 토대로 입원 차트를 작성하고, 작성한 입원 차트를 해석한다.

실습 일지

실습 날짜	. . .

실습 내용	
토의 및 핵심 내용	

입원 차트

(/)

Name:				
Spacies:	Breed:	Age:	Sex:	Dx(TDx):
BW:	입원일:	수술일:	퇴원일:	DVM:

Date:	오전												오후											
호흡기 ①기침 ②맑은콧물 ③화농성콧물	1	2	3	4	5	6	7	8	9	10	11	12	1	2	3	4	5	6	7	8	9	10	11	12
구토 ①위액 ②음식물 ③혈액 ④거품 ⑤기타																								
배변 ①정상 ②연변 ③설사 ④혈변 ⑤점액변 ⑥기타																								
배뇨 ①정상 ②혈뇨 ③빌리루빈뇨 ④배뇨곤란 ⑤기타																								
BT																								
HR																								
RR																								
BP																								
BG																								
수액 종류 및 속도/변경																								
검사																								
1)																								
2)																								
3)																								
4)																								
5)																								
Feeding ①정상 ②남김 ③식욕없음 ④강제급여																								
식이 종류/양																								

소지품	

교육내용 정리

학습목표

- 수액제의 종류와 세트의 구성에 대해 학습하고 사용법을 숙지한다.
- 수액 펌프의 사용법에 대해 학습하고 사용법을 숙지한다.
- 수액이 들어가지 않는 경우와 그 대처 방법에 대해 학습한다.

PART 11

수액 요법 이해하기

01

수액 요법 이해하기

실습개요 및 목적

동물이 질병에 걸릴 경우 수분 손실이 섭취량 보다 많아 체내 수분이 부족해지고 전해질 불균형이 나타난다. 수액 요법은 정맥혈관을 통하여 수분, 전해질, 영양분을 공급하고 체액의 비정상적인 상태를 교정하는 방법을 의미한다. 수액제의 종류와 수액세트의 구성, 수액펌프의 사용법에 대해 학습하고 사용법을 숙지한다.

실습준비물

사진	명칭	주요 기능
	수액제	비닐재질의 수액팩, 플라스틱 재질의 경화 수액팩, 유리재질의 수액병이 존재하며 눈금이 표시되어 투여/용량 확인가능. 경화 수액팩과 수액병은 정확한 투여량 확인이 가능하지만 내부압력을 일정하기 유지하기 위한 공기침이 필요. 수액팩은 대략의 용량만 확인 가능함에도 불구하고 주입과 동시에 압축이 발생되어 공기침이 불필요하며 수액걸이대에 걸어서 사용
	수액세트	수액을 정맥내로 안전하게 투여하기 위해 사용하며 혈관 카테터, 헤파린캡, 나비침 외에도 마이크로포어(종이테이프), 엘리자베스칼라를 준비

사진	명칭	주요 기능
	수액펌프 (인퓨전 펌프)	수액팩을 일정한 속도로 압력을 가해 혈관에 주입할 때 사용하는 장비로 경보 장치가 있어 주입속도 변화, 공기 방울이 존재하는 경우 경보음으로 알람이 울림

실습방법

1. 수액제의 종류에 대해 알아보고 환자의 상태에 따라 가장 최적화된 수액제를 선택한다.
2. 수액세트를 구성하는 도입침(수액에 연결) + 점적관&통(수액의 투여속도 확인) + 수액관 + 유량조절기(수액의 투여 속도 조절) + 고무재질 러버(수액이 막힐 경우 재 개통) + 접합부(IV카데터와 연결)를 확인하고 추가로 마이크로포어(종이테이프), 엘리자베스칼라를 준비하고 사용법을 숙지한다.
3. 인퓨전 펌프를 가동하고 모니터에 나타난 수액의 속도, 총 수액량 등의 수치를 확인하고 수액의 총량, 속도를 설정한다.
4. 수액이 들어가지 않는 다양한 경우(수액줄의 꼬임, 접힘, 혈액의 응고 등)를 확인해보고 필요 시 헤파린 첨가 생리식염수로 관류를 시도한다.

실습 일지

실습 날짜	. . .

실습 내용	
토의 및 핵심 내용	

교육내용 정리

학습목표

- 약의 종류에 따른 특징에 대해 학습한다.
- 약의 종류에 따른 다양한 투약방법에 대해 실습한다.
- 내·외부 기생충 구충제의 특징과 사용법을 숙지한다.

PART 12

환자 약물 투여 학습하기

01

환자 약물 투여 학습하기

실습개요 및 목적

1. 약의 종류에 따른 특징에 대해 학습한다.
2. 약의 종류에 따른 다양한 투약방법에 대해 실습한다.
3. 내외부 기생충 구충제의 특징과 사용법을 숙지한다.

실습준비물

- 건강한 동물도 섭취가 가능한 알약
- 가루약
- 캡슐
- 주사기
- 다양한 형태의 외부 기생충 구충제(알약, 연고, 목걸이형 등)과 반려견

실습방법

1. 약의 종류에 따른 특징
   - 알약, 가루약, 캡슐, 주사기, 다양한 형태의 외부 기생충 구충제(알약, 연고, 목걸이형 등)
2. 알약, 캡슐 투약 : 손을 물리지 않도록 장갑을 낀 후, 반려견의 입을 벌리고 준비한 약을 목구멍 깊숙이 집어넣고 신속하게 손을 뺀다. 고개를 위로 들게 하고 목을 마사지 하면서 삼킬 수 있도록 도와준다. 침을 삼키거나 혀름 낼름 거릴 경우 약을 먹은 것임으로 섭취 여부를 확인한다. 사료를 잘먹을 경우 사료에 섞어 먹이거나 간식 등에 섞어서 먹인다.
3. 가루약 투약 : 약에 물을 1ml 섞어 반려동물의 입을 잡고 0.5ml씩 밀어 넣은 후 고개를 위로 들면 입맛을 다시며 혀를 낼름 거리거나 침을 삼키며 먹도록 한다. 중·대형견은 어금니쪽을 벌려 가루약을 털어 넣은 후 침과 섞이게 문질러 주고 사나워서 주사기로 먹이기 힘든 동물은 사료나 간식에 섞어서 먹인다.

4. 연고 또는 도포형 : 다양한 형태의 진드기 등 외부 기생충 구충제를 확인하고 그중 연고제 또는 스프레이 형태의 약제의 종류와 바르는 부위를 숙지하고 실습한다.
5. 목걸이 형태의 외부 기생충 구충제의 종류를 확인하고 사용법을 실습한다.

실습 일지

실습 날짜	. . .

실습 내용	
토의 및 핵심 내용	

교육내용 정리

학습목표

- 동물 환자에서 영양 공급의 중요성을 이해한다.
- BCS와 MCS지수를 근거로 환자의 영양 상태를 평가할 수 있다.
- 환자의 에너지 요구량과 하루 식이 급여량을 계산할 수 있다.
- 동물병원에서 사용하는 처방식의 종류를 설명할 수 있다.
- 식욕이 없는 환자를 대상으로 경구 영양 공급 방법과 환자 관리법을 알아본다.

PART 13

영양 공급 이해하기

01

영양 공급 이해하기

실습개요 및 목적

모든 동물은 건강을 유지하기 위해 균형 잡힌 사료를 섭취해야 한다. 동물이 아플 때, 식욕이 없거나 먹지 못하는 경우가 많아 에너지 결핍을 초래할 수 있다. 특정 영양소가 결핍되는 경우 환자의 회복 속도를 늦추고 치유를 지연시킬 수 있으므로, 적절한 영양 공급은 환자의 회복에 가장 중요한 요소이다. 이번 실습에서는 BCS(Body Condition Score)와 MCS(Muscle Condition Score)를 토대로 환자의 영양상태를 평가하는 방법을 학습한다. 또한 환자의 에너지 요구량과 하루 식이 급여량을 계산한다.
동물병원에 입원한 환자들은 스스로 음식을 먹지 않는 경우가 많으며 질병에 따라 처방식을 급여해야 할 수 있다. 이번 실습을 통해 병원에서 주로 사용하는 처방식의 종류를 학습하고 식욕이 없는 환자에게 경구로 영양 공급을 하는 방법을 알아본다.

실습준비물

사진	명칭	주요 기능
	주사기	강제급여를 위해 주사기를 사용하나 강제급여에 의해 음식 혐오증을 유발하거나 오연성 폐렴을 유발할 수 있어 주의한다.
	비식도관 튜브	자발적으로 사료를 섭취하지 못하는 환자에서 짧은 기간 동안 비식도관 튜브를 사용하여 영양을 공급한다.

사진	명칭	주요 기능
그 외 : 실습 동물, 실습 동물에게 급여하는 사료, 처방식 사료 및 캔		

실습방법

1. 환자의 영양상태 평가 및 식이 급여량 계산
   - 신체검사를 통해 환자의 BCS와 MCS를 평가한다.
   - 환자의 에너지 요구량과 하루 식이 급여량을 계산한다.
2. 동물병원에서 주로 사용하는 처방식에 대해 학습한다.
3. 식욕이 없는 환자에게 경구로 영양 공급 하는 방법(강제 급여, 비식도관, 식도관, 위창냄관 등)을 학습하고, 이때 환자 관리 방법에 대해 알아본다.

실습 일지

실습 날짜	. . .

실습 내용	
토의 및 핵심 내용	

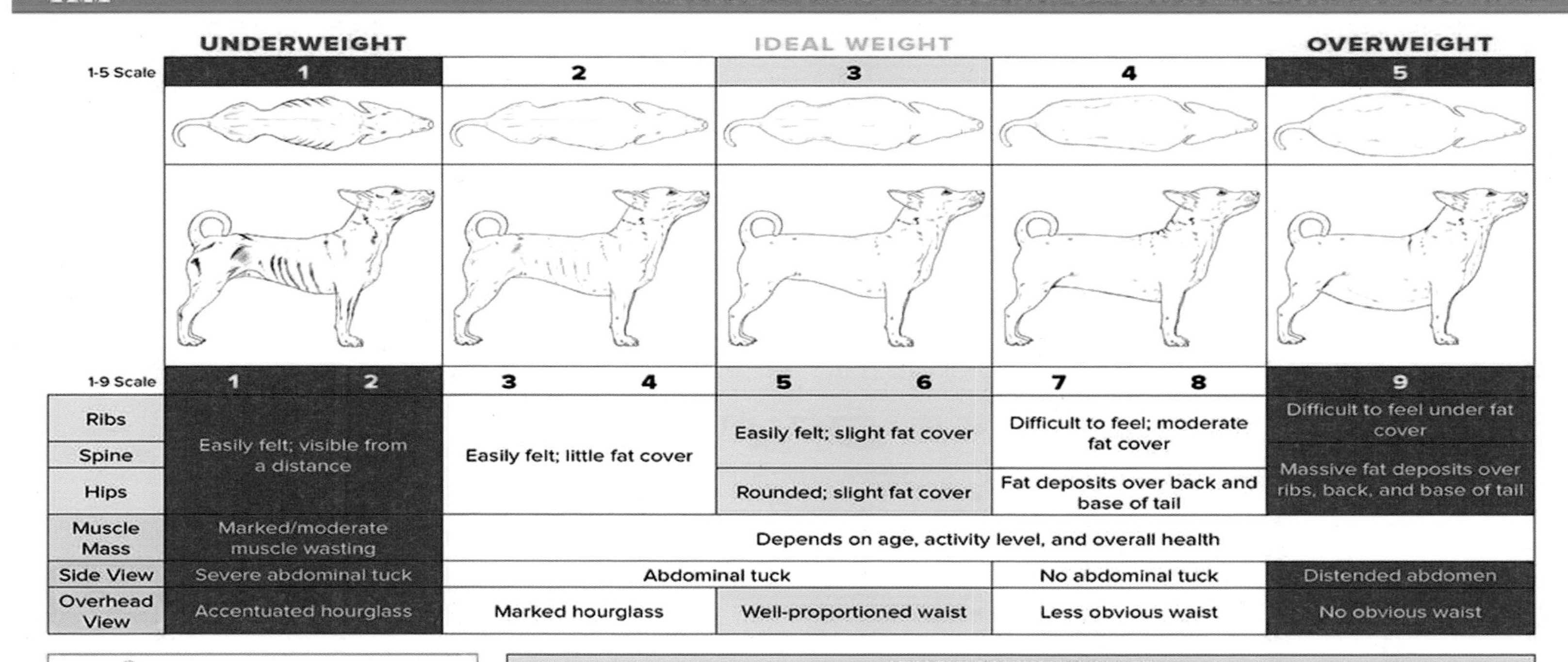

CANINE BODY AND MUSCLE CONDITION SCORE

	UNDERWEIGHT		IDEAL WEIGHT		OVERWEIGHT
1-5 Scale	1	2	3	4	5
1-9 Scale	1 2	3 4	5 6	7 8	9
Ribs	Easily felt; visible from a distance	Easily felt; little fat cover	Easily felt; slight fat cover	Difficult to feel; moderate fat cover	Difficult to feel under fat cover
Spine	Easily felt; visible from a distance	Easily felt; little fat cover	Easily felt; slight fat cover	Difficult to feel; moderate fat cover	Massive fat deposits over ribs, back, and base of tail
Hips	Easily felt; visible from a distance	Easily felt; little fat cover	Rounded; slight fat cover	Fat deposits over back and base of tail	Massive fat deposits over ribs, back, and base of tail
Muscle Mass	Marked/moderate muscle wasting	Depends on age, activity level, and overall health			
Side View	Severe abdominal tuck	Abdominal tuck		No abdominal tuck	Distended abdomen
Overhead View	Accentuated hourglass	Marked hourglass	Well-proportioned waist	Less obvious waist	No obvious waist

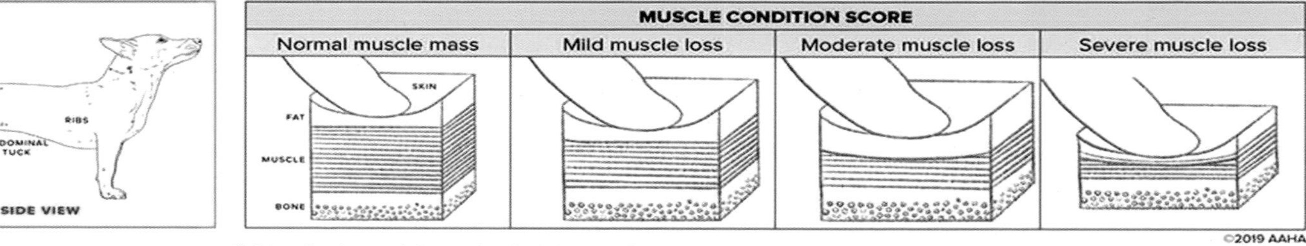

출처 : Body and Muscle Condidion Score, AHA Guidelines

교육내용 정리

메모

학습목표

- 수술실에서 사용하는 의료기구와 수술도구의 명칭과 용도를 설명할 수 있다.
- 멸균 방법에 대한 이해를 바탕으로 멸균팩을 준비할 수 있다.

PART 14

수술 전·후 준비하기

01

수술 전·후 준비하기

실습개요 및 목적

외과 수술은 마취를 동반하는 치료 과정이며, 위험도가 높은 영역이다. 수술의 위험성을 줄이기 위해서는 응급 상황에 대처할 수 있도록 수술실 내 물건의 명칭과 용도를 숙지해야 하며, 수의사가 수술에 전념할 수 있도록 수술 환경을 조성해야 한다. 특히, 수술 과정 중 오염이 발생하지 않도록 수술실을 청결하게 관리하고 수술 도구 및 수술 영역의 멸균을 유지해야 한다. 본 실습을 통해, 수술실에서 사용하는 물품의 명칭과 용도를 학습한다. 수술을 위해 멸균팩을 준비하는 과정을 학습한다.

실습준비물

기자재 사진	기자재 명칭	주요 기능
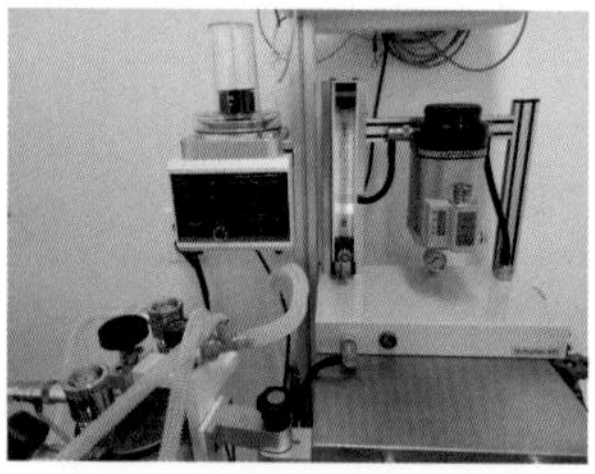	마취기	
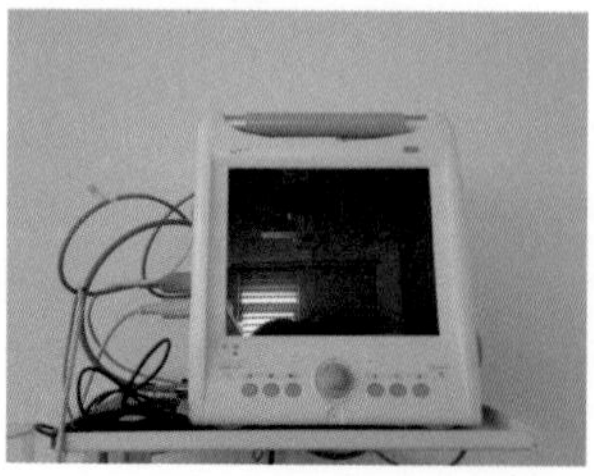	환자감시장치 (모니터링기)	

기자재 사진	기자재 명칭	주요 기능
	인퓨전 펌프 (Infusion pump)	
	주사기 펌프 (Syringe pump)	
	기관 튜브	
	후두경	
	전기 소작기	
	무영등	

기자재 사진	기자재 명칭	주요 기능
	클리퍼	
	메스날 (scalpel blade) 메스대 (scalpel handle)	
	봉합바늘 봉합사	
	니들홀더	
	가위	
	겸자	

기자재 사진	기자재 명칭	주요 기능
	포셉	
	린넨류	
	가압증기멸균기 (autoclave)	
	에틸렌옥사이드 가스멸균기	

실습방법

1. 수술 기구와 도구들의 명칭과 용도를 숙지하고 주요 기능(용도)를 작성한다.
2. 멸균기구별 사용법과 용도를 숙지한다.
3. 중성화 수술팩을 싸고, 올바른 방법으로 멸균을 수행한다.

실습 일지

실습 날짜	. . .

실습 내용	
토의 및 핵심 내용	

교육내용 정리

학습목표

- 수술 보조 시 필요한 절차에 대해 학습한다.
- 환자 모니터링 시 절차에 대해 학습 하고 실습한다.
- 수술 진행 및 수술 후 필요한 사항에 대해 학습하고 실습한다.

PART 15

수술 보조 이해하기

01

수술 보조 이해하기

실습개요 및 목적

1. 수술 보조 시 필요한 절차에 대해 학습한다.
2. 환자 모니터링 시 절차에 대해 학습 하고 실습한다.
3. 수술 진행 및 수술 후 필요한 사항에 대해 학습하고 실습한다.

실습준비물

사진	명칭	주요 기능
	호흡 마취기	마취기 + 환자감시장치 + 인공호흡기로 구성. 흡입마취기는 마취가스를 직접 폐로 순환시켜 호흡을 통해 마취상태를 유지하고 환자감시모니터는 마취된 동물의 상태를 실시간으로 관찰하며 인공호흡기는 인위적으로 폐에 산소를 주입하여 호흡하는 기능을 수행
	오실로메트릭 혈압계	혈류의 진동 변화에 의해 혈압을 측정하는 장치로 도플러 혈압계보다 사용이 간편하고 확장기 혈압도 측정 가능
	청진기	동물의 몸속에서 심장박동, 호흡소리, 장운동 소리를 들어서 질병을 진단 청진판은 심장 판막 소리 등 낮은음역을 청취하는 다이아프램(넓은면)과 폐음 장음 등 높은음역을 청취하는 벨(좁은면)이 존재

사진	명칭	주요 기능
	체온계	체온계를 알코올 소독약으로 소독후 직장(항문)에 삽입하고 1-2분 정도 측정 동물이 예민하게 반응할 수 있음으로 부드럽게 살살 돌려가며 삽입

실습방법

1. 환자 모니터링
   - 호흡마취기 모니터링 기기가 있는 경우 장착한다.
   - 환자의 호흡수, 맥박수, 체온, 혈압을 체크하여 수술자에게 보고한다.
   - 수술이 끝날 때까지 집중하여 환자 모니터링을 실시하고 작은 변동사항도 보고한다.
   - 전마취제 주입 시부터 보조자는 환자의 호흡이 1초에 3-5회 쉬고 있는지 확인하고 빨라지거나 느려질 경우 즉시 보고한다
   - 모세혈관재충만시간(Capillary refil time)상태를 체크하며 속도가 느릴 경우 수액주입 속도를 증가한다.
   - 수술 중 환자의 눈은 가급적 감겨주고 인공 눈물 또는 안연고를 제공한다.
   - 환자 체온을 체크하고 따뜻한 핫팩으로 체온을 유지할 수 있도록 돕는다.

2. 수술 진행 보조
   - 환자의 호흡수, 맥박수, 체온, CRT, 수액속도를 기본으로 체크한다.
   - 수술자가 지시한 물건은 멸균된 상태를 유지하며 수술팩 위에 떨어뜨려 주고 보조가 끝난 도구는 제거하여 비멸균 공간으로 이동 시키되 수술팩 위에 떨어 뜨리지 않도록 주의한다.
   - 수술 중 연락이 오거나 전달 사항이 생길 경우 6하 원칙(누가, 어디서, 무엇을, 어떻게, 왜)에 의거 주요 사항을 전달하거나 메모로 남겨 전달한도록 훈련한다.

3. 수술 후 관리
   - 수술이 끝나 마취가 깨어난 환자는 회복실로 이동시키고 호흡수, 맥박수, 체온, CRT, 수액속도를 기본으로 체크한다.
   - 체온이 떨어질 경우 드라이기, 핫팩, 모포 등을 활용하여 체온을 상승 시킨다.
   - 환자가 삽관 튜브를 씹을 때까지 튜브를 유지하고 삽관 튜브의 커프에 공기를 완전히 제거한 후 튜브를 제거하고 넥카라를 채워준다.

실습 일지

실습 날짜	. . .

실습 내용	
토의 및 핵심 내용	

교육내용 정리

학습목표

- 개와 고양이에서 예방 접종의 중요성을 설명할 수 있다.
- 개와 고양이의 예방 접종 스케줄을 학습한다.
- 예방 접종을 위한 보조업무를 수행할 수 있다.

PART 16

예방 접종 학습하기

01

예방 접종 학습하기

실습개요 및 목적

동물의 건강과 생명을 위협하는 감염병을 예방하고 질병에 대한 신체 면역력을 향상시키기 위해 예방 접종(백신, vaccine)이 필요하다. 이번 실습을 통해 개와 고양이에서 사용하는 예방 접종의 종류와 스케줄을 알고 이를 설명할 수 있으며, 예방 접종을 위한 전후 보조 업무를 수행할 수 있다.

실습준비물

기자재 사진	기자재 명칭	주요 기능
	예방접종약	D(디스템퍼) H(개전염성간염), P(개파보바이러스장염), P(파라인플루엔자), L(렙토스피라)에 대한 인공능동면역을 활성화하여 질병에 대한 면역력을 높여 줌

그 외 반려동물 건강수첩, 주사기(1cc), 알콜솜 보정인형

실습방법

1. 개와 고양이에서 사용하는 예방접종약과 스케줄에 대해 학습한다.
2. 예방접종 순서를 숙지하고 이를 직접 수행한다.
   ① 접종 전 환자의 신체검사를 실시한다.
   ② 접종이 가능한 경우, 수의사의 지시 아래 백신을 주사기에 흡입한다.
   ③ 동물보건사는 백신 접종 방법과 부위에 알맞게 동물을 보정한다.
   ④ 수의사는 백신을 주사한다.
   ⑤ 동물건강수첩에 백신 라벨을 부착하고 백신 종류와 접종일을 기입한다.
   ⑥ 보호자에게 접종 부작용과 함께 다음 접종스케줄을 안내한다.

실습 일지

실습 날짜	. . .

실습 내용	
토의 및 핵심 내용	

반려동물 건강수첩

반려동물 건강수첩

보호자명:

동물명:

oo동물의료센터

동물 정보

이름		나이	
종		품종	
성별		중성화	
동물등록번호			
보호자이름			
보호자연락처			

접종 주의사항

접종시기	종합백신 (DHPPL)	코로나 (Corona)	켄넬코프 (KennelCough)	인플루엔자 (Influenza)	광견병 (Rabies)
6주	1차	1차			
8주	2차	2차			
10주	3차		1차		
12주	4차		2차		
14주	5차			1차	
16주	항체가검사			2차	1차
추가접종	매년1회	매년1회	매년1회	매년1회	매년1회

(　　　) 백신

접종예정일	접종날짜	예방약/접종부위	수의사서명

교육내용 정리

메모

학습목표

- 내부 기생충 예방약의 종류와 사용 시 주의사항에 대해 학습하고 실습한다.
- 외부 기생충 예방약의 종류와 사용 시 주의사항에 대해 학습하고 실습한다.

PART 17

기생충 예방 학습하기

기생충 예방 학습하기

실습개요 및 목적

1. 내부 기생충 예방약의 종류와 사용 시 주의사항에 대해 학습하고 실습한다.
2. 외부 기생충 예방약의 종류와 사용 시 주의사항에 대해 학습하고 실습한다.

실습준비물

사진	제품명	약제 유형
	넥스가드 또는 하트가드	투약형
	레볼루션	연고형
	프론트 라인	도포형

사진	제품명	약제 유형
	세레스토	목걸이형

실습방법

1. 내부 기생충 구충제의 종류
   - 내부기생충 + 심장사상충(약효 1개월) : 애드보킷, 레볼루션, 브로드라인, 하트가드, 넥스가드
   - 내부기생충 only : 프라지벳 플러스(개, 약효 3개월), 프로팬더(고양이, 약효 3개월)
2. 내부 기생충 구충제 사용법
   - 심장사상충 구충을 하더라도 3개월에 1회 촌충 구제를 포함하는 구충제를 투약(투약법은 파트 10 참조)하는 것을 권장하며 감염되어 분변으로 기생충이 나올 경우 2주 후 추가로 1회 투약한다.
3. 외부 기생충 예방 및 구충제의 종류
   - 외부기생충 + 심장사상충 : 애드보킷, 레볼루션, 브로드 라인, 넥스가드
   - 외부기생충 only : 브라벡토(3개월), 세레스토, 프론트라인
4. 외부 기생충 구충제 사용법
   - 진드기, 벼룩, 이 등의 감염을 예방한다. 2개월령 이후 매월 1회 실시한다. 바르는 약제인 경우 목덜미에 도포한다. 특히 사람 알러지의 원인이 되기도 하는 집먼지 진드기는 실내에서 기생함으로 겨울에도 예방하고, 반려동물과 여행을 다녀온 경우 특히 집중하여 구충한다.

실습 일지

실습 날짜	. . .

실습 내용	
토의 및 핵심 내용	

교육내용 정리

학습목표

- 동물병원에서 자주 쓰이는 약품 및 소모품 종류를 학습한다.
- 동물병원에서 자주 쓰이는 약품 및 소모품 정리법에 대해 학습한다.

PART 18

약품 및 소모품 정리하기

01

약품 및 소모품 정리하기

실습개요 및 목적

1. 동물병원에서 자주 쓰이는 약품 및 소모품에 대해 숙지한다.
2. 동물병원에서 자주 쓰이는 약품 및 소모품 정리법에 대해 학습한다.

실습준비물

약품 앰플	주사기	수액
카테타	수액세트	소독제 용기

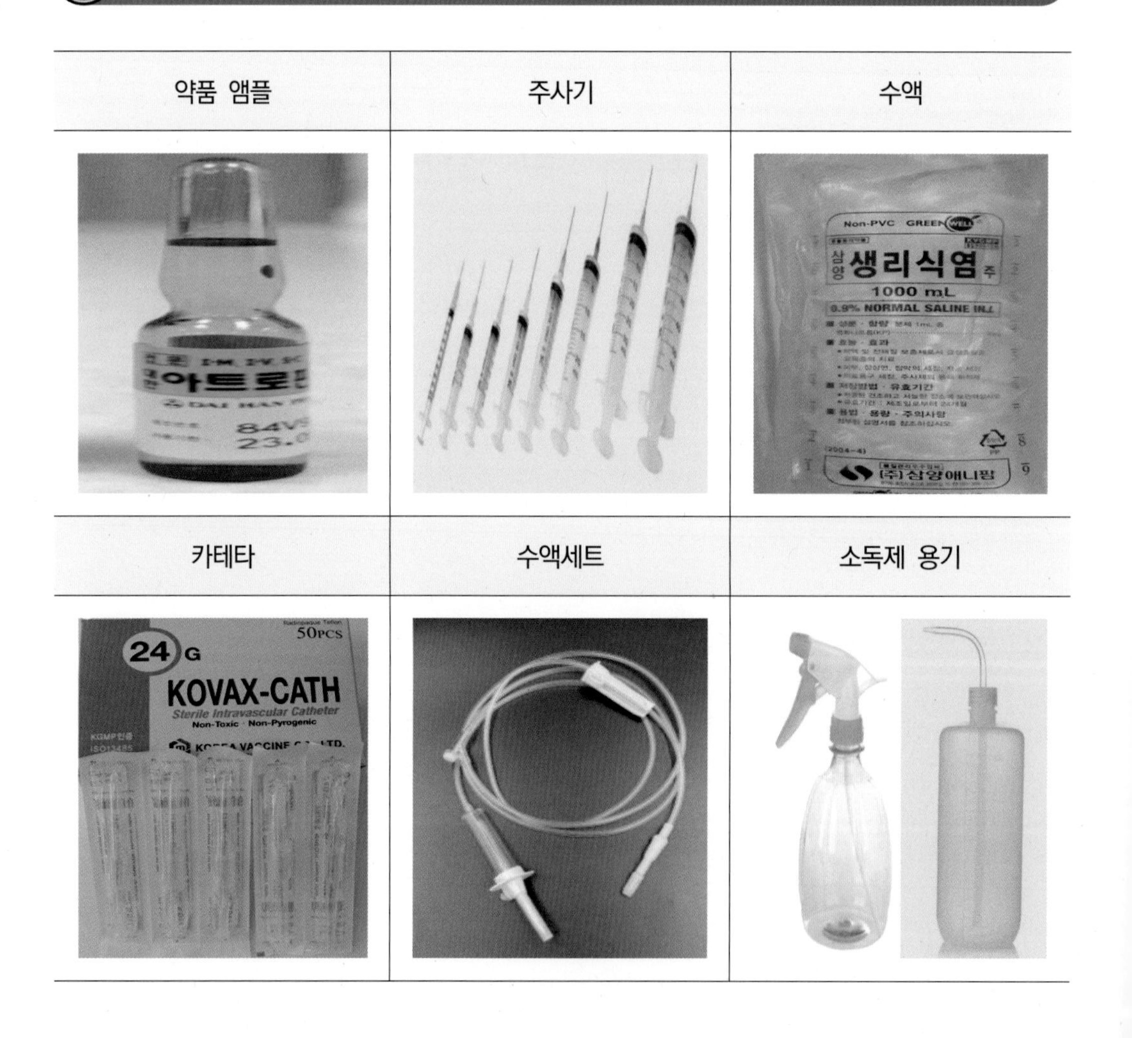

붕대 및 코반	넥칼라	

실습방법

1. 동물병원에서 자주 쓰이는 약품 및 소모품의 종류
   - 에피네프린 앰플(epinephrine ample)
   - 아트로핀 앰플(atropine ample)
   - 도파민 앰플(dopamine ample)
   - 덱사메타손 앰플(dexamethasone ample)
   - 헤파린 수액(heparinized saline), 수액세트, 카테타
   - 주사기(1,3,5cc), 24G 주사바늘
   - 솜, 알콜솜, 면봉, 베타딘 솜, 귀세정제, 생리식염수
   - 소독제(헥시딘, 과산화수소, 베타딘, 알코올 등), 분무기
   - 솜붕대, 탄력붕대(2,3,4 inch), 종이테이프(마이크로 포어), 코반
   - 담요, 일회용 패드, 넥칼라
2. 위에서 언급한 동물병원에서 자주 쓰이는 약품 및 소모품을 확인하고 아래의 사진을 참고하여 사용하기 편리하게 정리하는 법을 실습한다.

실습 일지

실습 날짜	. . .

실습 내용	
토의 및 핵심 내용	

교육내용 정리

학습목표

- 동물등록제도의 목적과 등록대상동물을 설명할 수 있다.
- 동물등록 절차와 방법을 설명할 수 있다.
- 내장형 무선식별장치와 외장형 무선식별장치의 차이점을 설명할 수 있다.
- 보호자에게 동물등록신청서 작성 방법에 대해 설명할 수 있다.

PART 19

동물등록제 이해하기

01

동물등록제 이해하기

실습개요 및 목적

동물등록제는 "등록대상동물"의 보호와 유기·유실 방지 및 동물 소유자의 책임 의식을 고취하기 위해 도입된 제도이다. 반려 목적으로 기르는 2개월령 이상의 개는 동물등록을 의무적으로 실시해야 하므로, 동물보건사는 반려견 보호자로부터 동물등록에 대한 많은 상담을 받게 된다. 이번 실습을 통해 동물 등록시 필요한 서류, 동물등록 절차, 동물등록 리더기 사용법 등을 알아보고 이를 실습한다.

실습준비물

사진	명칭	주요 기능
	마이크로리더기 (RFID 리더기)	무선식별장치 번호를 인식하는 장치. 번호를 가지고 동물 보호 프로그램 상에 등록된 동물과 보호자 정보를 조회할 수 있음
	내장형 무선식별장치	무선전자개체식별장치(RFID). 체내 이물반응이 없는 재질로 코팅된 쌀알만한 크기의 동물용 의료기기로 동물의 체내에 주입하여 사용

사진	명칭	주요 기능
	외장형 무선식별장치	무선전자개체식별장치(RFID). 외장형으로 목걸이에 부착하여 사용. 분실 시 동물 등록 번호를 조회할 수 없다는 한계가 있음

실습방법

1. 동물등록 절차와 방법을 숙지한다.
2. 무선식별장치별 장·단점을 설명한다.
3. 내장형 무선식별장치를 삽입하는 부위를 숙지한다.
4. 마이크로리더기 사용법을 알고, 모형인형에 삽입된 무선식별장치를 인식할 수 있다.
5. 동물등록 신청서를 작성하고, 동물등록 신청서를 작성할 때 어려운 점을 작성한다.

실습 일지

실습 날짜	. . .

실습 내용	
토의 및 핵심 내용	

■ 동물보호법 시행규칙 [별지 제1호서식] <개정 2019. 3. 21.>

동물등록 [ ] 신청서 [ ] 변경신고서

※ 아래의 신청서(신고서) 작성 유의사항을 참고하여 작성하시고 바탕색이 어두운 난은 신청인(신고인)이 적지 않으며, [ ]에는 해당되는 곳에 √ 표시를 합니다.
※ 동물등록번호란과 변경사항란은 변경신고 시 해당 사항이 있는 경우에만 적습니다.

(앞쪽)

접수번호		접수일시		처리일		처리기간	10일

신청인 (신고인)	성명(법인명)	주민등록번호 (외국인등록번호, 법인등록번호)	전화번호
	주소(법인인 경우에는 주된 사무소의 소재지) ※ 현재 거주지가 주소와 다를 경우 현재 거주지 주소를 함께 기재합니다.		

동물관리자 (신청인이 법인인 경우)	성명	직위	전화번호	관리장소(주소)

동물	동물등록번호									
	이름	품종	털색깔	성별		중성화		출생일	취득일	특이사항
				암	수	여	부			

변경사항	구분	변경 전	변경 후
	소유자		
	주소		
	전화번호		
	무선식별장치 및 등록인식표의 분실 또는 훼손으로 인한 동물등록번호		
	기타 [ ] 등록대상동물의 분실 [ ] 등록대상동물의 사망 [ ] 등록대상동물의 분실 후 회수 [ ] 기타		

변경사유 발생일
등록대상동물 분실 또는 사망 장소
등록대상동물 분실 또는 사망 사유

「동물보호법」 제12조제1항·제2항 및 같은 법 시행규칙 제8조제1항 및 제9조제2항에 따라 위와 같이 동물등록(변경)을 신청(신고)합니다.

년 월 일

신청인(신고인) (서명 또는 인)

(시장·군수·구청장) 귀하

210mm×297mm[백상지(80g/㎡) 또는 중질지(80g/㎡)]

(뒤쪽)

첨부서류	1. 동물등록증(변경신고 시) 2. 등록동물이 죽었을 경우에는 그 사실을 증명할 수 있는 자료 또는 그 경위서	수수료	
		신규, 무선식별장치 및 등록인식표의 분실 또는 훼손	변경
		1. 무선식별장치 체내삽입: 1만원 2. 무선식별장치 체외부착: 3천원 3. 등록인식표의 부착: 3천원	무료
담당공무원 확인사항	1. 개인인 경우: 주민등록표 초본 또는 외국인등록사실증명 2. 법인인 경우: 법인 등기사항증명서		

행정정보 공동이용 동의서

본인은 이 건 업무처리와 관련하여 「전자정부법」 제36조제1항에 따른 행정정보의 공동이용을 통하여 담당공무원이 위 담당공무원 확인사항을 확인하는 것에 동의합니다.

* 동의하지 않는 경우 해당 서류를 제출하여야 합니다.

신청인(신고인)

(서명 또는 인)

[동의]

1. 동물등록 업무처리를 목적으로 위 신청인(신고인)의 정보와 신청(신고)내용을 등록 유효기간 동안 수집·이용하는 것에 동의합니다.

신청인(신고인) (서명 또는 인)

2. 유기·유실동물의 반환 등의 목적으로 등록대상동물의 소유자의 정보와 등록내용을 활용할 수 있도록 해당 지방자치단체 등에 제공함에 동의합니다.

신청인(신고인) (서명 또는 인)

유의사항

1. 등록대상동물의 소유자는 등록대상동물을 잃어버린 경우에는 잃어버린 날부터 10일 이내에, 다음 각 목의 사항이 변경된 경우에는 변경된 날부터 30일 이내에 변경신고를 하여야 합니다.
   가. 소유자(법인인 경우에는 법인 명칭이 변경된 경우를 포함합니다)
   나. 소유자의 주소 및 전화번호(법인인 경우에는 주된 사무소의 소재지 및 전화번호를 말합니다)
   다. 등록대상동물이 죽은 경우
   라. 등록대상동물 분실 신고 후, 그 동물을 다시 찾은 경우
   마. 무선식별장치 또는 등록인식표를 잃어버리거나 헐어 못 쓰게 되는 경우
2. 잃어버린 동물에 대한 정보는 동물보호관리시스템(www.animal.go.kr)에 공고됩니다.
3. 소유자의 주소가 변경된 경우, 전입신고 시 변경신고가 있는 것으로 봅니다.
4. 소유자의 주소나 전화번호가 변경된 경우, 등록대상동물이 죽은 경우 또는 등록대상동물 분실 신고 후 그 동물을 다시 찾은 경우에는 동물보호관리시스템(www.animal.go.kr)을 통해 변경 신고를 할 수 있습니다.

처리절차

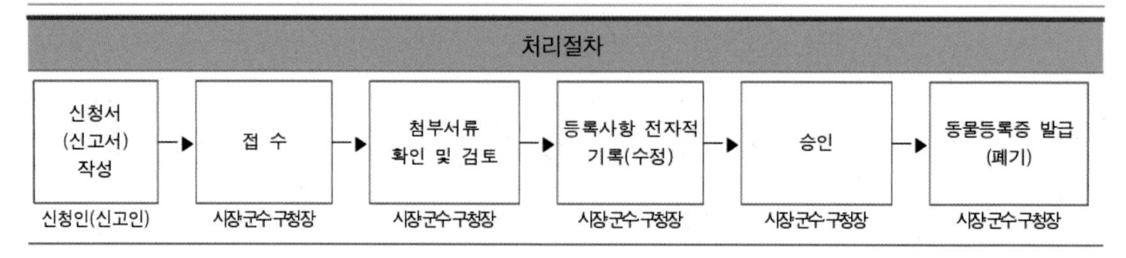

교육내용 정리

학습목표

- 동물보건사로서 행정 지원 업무의 중요성을 이해한다.
- 보호자에게 제공해야 하는 주요 서류의 종류와 용도를 설명할 수 있다.

PART 20

행정 지원 업무 이해하기

01

행정 지원 업무 이해하기

실습개요 및 목적

동물보건사는 동물 간호뿐만 아니라 환자의 진료를 위한 접수, 수납, 제증명, 입퇴원, 보험 등 환자와 진료와 관련된 행정 업무를 담당한다. 최근 수의사법의 개정되고, 동물 보험 상품 출시 및 동물의 해외 여행이 증가함에 따라 동물보건사의 행정 지원 업무의 중요성이 커지고 있다. 이번 실습을 통해 동물병원에서 주로 발급하는 서류에 대해 알아본다.

실습준비물

- 동물에 대한 정보
- 동물 입퇴원을 포함한 각종 동의서 양식
- 동물 보험
- 출입국 관련 서류 양식

실습방법

1. 동물병원에서 발급하는 각종 서류의 용도를 학습한다.
2. 동물 진료에 필요한 각종 동의서 항목을 숙지한다.
3. 동물 보험 절차를 이해하고 보험사와 보호자가 요청하는 서류와 대응 방법을 숙지한다.
4. 동물 검역 절차를 이해하고 동물 검역을 위한 관련 서류를 발급할 수 있다.

실습 일지

실습 날짜	. . .

실습 내용	
토의 및 핵심 내용	

■ 수의사법 시행규칙 [별지 제4호의2서식] <개정 2011.1.26>

진단서

동물 소유자 (관리인)	성명	
	주소	
사육 장소		
동물의 표시	종류	품종
	동물명	성별
	연령	모색
	특징	
병명		
발병 연월일 (임신 연월일)		
진단 연월일		
예후 소견		
그 밖의 사항		

「수의사법」 제12조 및 같은 법 시행규칙 제9조에 따라 위와 같이 증명합니다.

년 월 일

동물병원 명칭:

동물병원 주소: (전화번호)

수의사 면허번호: 제 호 수의사 성명 (서명 또는 인)

■ 가축전염병예방법 시행규칙 [별지 제14호서식] <개정 2014.2.14>

동 물 검 역 신 청 서
(APPLICATION FOR ANIMAL QUARANTINE)

※ 뒷쪽의 첨부서류 및 민원처리 절차를 참고하시기 바라며, 색상이 어두운 난은 신청인이 적지 않습니다.

(앞쪽)

접수번호	접수일	발급일	처리기한 뒤쪽 참조

① 신고번호			② 신고일 (Date)	
③ 신고기관			④ B/L번호 (B/L No.)	
⑤ 입항일 (Date of arrival)			⑥ 선(기)명 (Name of ship or flight)	
⑦ 수입 화주 (Consignee)	성명 (Name)		상호 (Company name)	
	주소 (Address)			
⑧ 수출자 (Consignor)	성명 (Name)		⑨ 수출국 (Country of export)	
	주소 (Address)			
⑩ 축종 (Species and breed)			⑪ 모델 · 규격 (Sex, Age, color, etc.)	
⑫ 수량 (Number of head)			⑬ 금액 (Total cost)	
⑭ 도착항 (Port of arrival)			⑮ 생산국 (Country of production)	
⑯ 선적항 (Port of shipping)			⑰ 선적일 (Date of shipping)	
⑱ 담당자				

위와 같이 동물검역을 신청합니다.

I request the quarantine of the above animal.

년(Year) 월(Month) 일(Date)

검역신청인 (한글) 성명 : (서명 또는 인)

주소 :

Applicant for Quarantine (영문) Name and Signature :

Address :

농림축산검역본부장 귀하

(To Director of Animal and Plant Quarantine Agency)

210㎜×297㎜(신문용지 54g/㎡)

(뒤쪽)

첨부서류	1. 수출국의 정부기관이 가축전염병의 병원체를 퍼뜨릴 우려가 없다고 증명한 검역증명서[국내로 수입되는 개, 고양이의 경우 마이크로칩 이식번호 및 광견병 항체가(抗體價)를 적은 검역증명서를 말하며, 해당 지정 검역물이 「가축전염병 예방법 시행규칙」 제35조제1항 각 호에 해당하는 경우는 제외합니다] 1부 2. 수입허가증명서 1부(「가축전염병 예방법」 제32조제1항 각 호 외의 부분 단서에 따라 수입허가를 받은 경우만 해당합니다)
수수료	「가축전염병 예방법」 제46조제1항에 따라 농림축산식품부령으로 정하는 수수료
처리기간	「가축전염병예방법 시행규칙」 제37조 및 별표 8 참조
작성요령	① 신고번호 : 신청인은 작성하지 않습니다. ② 신고일 : 해당 검역물에 대한 검역을 신청하는 일자 기재 ③ 신고기관 : 관할 농림축산검역본부 지역본부 또는 사무소 기재 ④ B/L번호 : 선하증권(B/L)번호 기재(수입에 한하며, 없는 경우 공란) ⑤ 입항일 : 입항일자 기재 ⑥ 선(기)명 : 해당 검역물이 선적된(선적될) 선박 · 항공기명을 영문으로 기재 ⑦ 수입화주 : 해당 검역물의 화주명 또는 회사명 기재 ⑧ 수출자 : 상대국에서 해당 검역물을 발송한 화주명 또는 회사명 기재 ⑨ 수출국 : 해당 검역물을 수출하는 국가명 기재 ⑩ 축종 : 해당 검역물의 축종(종류 또는 품종) 기재 ⑪ 모델 · 규격 : 해당 검역물의 성별, 연령, 털색 및 암수 구분하여 마릿수 기재 ⑫ 수량 : 해당 검역물(동물)의 마릿수 기재 ⑬ 금액 : 해당 검역물의 수입금액(US$) 기재 ⑭ 도착항 : 해당 검역물이 우리나라에 도착한 항구명(공항포함) 기재 ⑮ 생산국 : 해당 검역물이 생산된 국가명 기재 ⑯ 선적항 : 해당 검역물이 선적된 항구명(공항포함) 기재 ⑰ 선적일 : 해당 검역물이 선적된 일자 기재 ⑱ 담당자 : 신청인은 작성하지 않습니다.

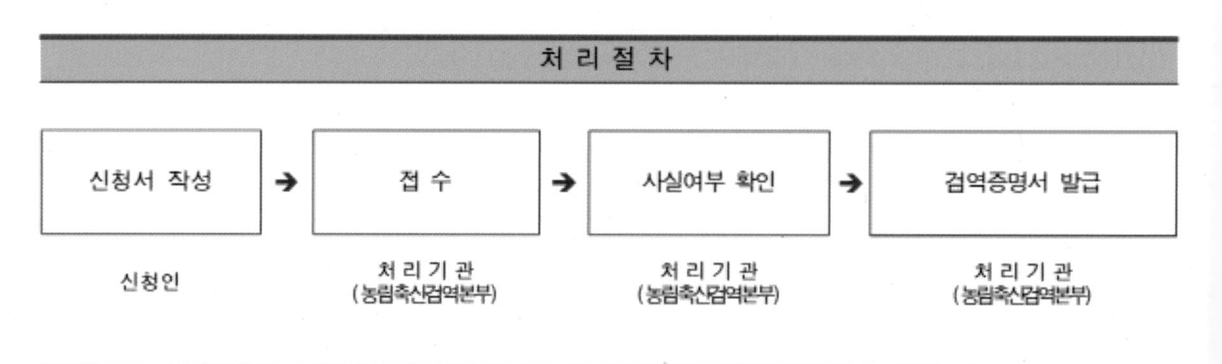

210㎜×297㎜(신문용지 54g/㎡)

■ 수의사법 시행규칙 [별지 제8호서식] <개정 2011.1.26>

예방접종 증명서

동물 소유자 (관리인)	성명	
	주소	

접종 동물	종류	품종
	이름	연령
	성별	체중
	특징	

예방접종	예방약 종류	접종량
	실시방법	면역 유효기간

「수의사법」 제12조 및 같은 법 시행규칙 제10조에 따라 위와 같이 증명합니다.

년 월 일

동물병원 명칭:

동물병원 주소: (전화번호)

수의사 면허번호: 제 호 수의사 성명 (서명 또는 인)

210㎜×297㎜(일반용지 60g/㎡(재활용품))

[별지 제25호서식]

예방접종 및 건강증명서
(VACCINATION & VETERINARY INSPECTION CERTIFICATE)

동물 소유자(출국자/수출자) (Owner or Exporter)	
이름(Name)	전화번호(Telephone)
주소(Address)	

동물 (Animal Identification)						
종(Species)		**성별(Sex)**		**연령(Age)**	**모색(Color/Marks)**	
개(Dog)	□	암(Female)	□	______년(Years)		
고양이(Cat)	□	수(Male)	□	____개월(Months)		
기타(Other)	□______	중성(Neutered)	□	(생년월일: / /)		
품종(Breed)	**이름 (Name)**	**무게(Weight/Size)**		**마이크로칩(Microchip No.)**		
		5kg 이하 5~10kg 10kg 이상	□ □ □ ________ kg	있음(Y) □ 이식일(Date of implantation) ______/______/_____ 없음(N) □		

광견병 예방접종 내역(Rabies Vaccination)				
제품명 (Product Name)	제조사 (Manufacture)	제조번호 (Serial Number)	접종일자 (Vacc. Date)	면역유효기간 (Validity)
				□1Y □2Y □3Y
				□1Y □2Y □3Y
				□1Y □2Y □3Y

기타 예방접종(Other Vaccination) 및 기생충 처치내역(Parasite Treatment)				
제품종류 Product Type	제품명 (Product Name)	제조사 (Manufacture)	제조번호 (Serial Number)	접종일자 (Date)

(임상 검사 확인 결과 □ 체크)

□ 위 동물은 체온, 피부상태, 호흡기계 등에 대한 임상검사 결과, 전염성질환 등 질병에 이환된 증상을 보이지 않음을 증명함

□ I certify that the animal described above is free of any infectious diseases and no abnormal clinical sign on the inspection date.

동물병원명(Name of Animal Hospital) ____________________	면허번호 (License Number) __________ 수의사이름 (Name of Issuing Veterinarian) ____________________
전화번호(Telephone) ____________________ 주소(Address) ____________________ ____________________ ____________________	서명(Signature) 날짜(Date)_____/________/______

이 증명서는 10일간 유효합니다.(This certificate is valid for 10 days after issuance)

■ 수의사법 시행규칙 [별지 제11호서식] <신설 2022. 7. 5.>

수술등중대진료 동의서

동물의 소유자 또는 관리자	성명	연락처
	주소	
수술등중대진료 대상 동물	이름	성별
	특이사항(필요시)	
수의사	동물병원명	면허번호
	성명	(서명 또는 인)

설명 및 동의 사항

1. 동물에게 발생하거나 발생 가능한 증상의 진단명

2. 수술등중대진료의 필요성, 방법 및 내용

3. 수술등중대진료에 따라 전형적으로 발생이 예상되는 후유증 또는 부작용

4. 수술등중대진료 전후에 동물의 소유자 또는 관리자가 준수해야 할 사항

「수의사법」 제13조의2 및 같은 법 시행규칙 제13조의2에 따라 위와 같이 수의사로부터 수술등중대진료에 관한 설명을 들었으며, 위 진료행위에 동의합니다.

년 월 일

동물의 소유자 또는 관리자 (서명 또는 인)

210㎜×297㎜[백상지(80g/㎡)]

교육내용 정리

저자

서명기
계명문화대학교 반려동물보건과

허제강
경인여자대학교 펫토탈케어과

감수자

김수연_연성대
김향미_서울문화예술대

성기창_대구보건대
이영덕_부산여대

동물보건 실습지침서
동물병원실무 실습

초판발행 2023년 3월 30일

지은이 서명기 · 허제강
펴낸이 노 현

편 집 탁종민
기획/마케팅 김한유
표지디자인 이소연
제 작 고철민 · 조영환

펴낸곳 ㈜ 피와이메이트
서울특별시 금천구 가산디지털2로 53, 210호(가산동, 한라시그마밸리)
등록 2014. 2. 12. 제2018-000080호
전 화 02)733-6771
f a x 02)736-4818
e-mail pys@pybook.co.kr
homepage www.pybook.co.kr
ISBN 979-11-6519-404-8 94520
979-11-6519-395-9(세트)

정 가 20,000원